世界住居与居住文化

Houses in the World and Living Culture

胡惠琴 编著

中国建筑工业出版社

图书在版编目（CIP）数据

世界住居与居住文化/胡惠琴编著. —北京：中国建筑工业出版社，2008（2023.11 重印）
ISBN 978-7-112-10023-1

Ⅰ. 世…　Ⅱ. 胡…　Ⅲ. 住宅-文化-研究-世界　Ⅳ. TU241

中国版本图书馆 CIP 数据核字（2008）第 048865 号

住居是与文化结合最为紧密的建筑类型，是以住宅为载体的文化现象，是在人们创造住宅的物质形态过程中产生的。全书通过对日本住居学相关书籍和文献的大量研读，力求将该科学知识体系化，并从居住者生活的角度对住宅内部功能进行剖析。全书内容包括住居学基本理论；风土文化与住居；东亚、东南亚住居与聚落；欧美的住宅与居住区；未来的住宅；集合居住；居住空间等。

本书可供广大建筑设计师、建筑理论工作者、建筑院校师生员工等学习参考。

* * *

责任编辑：吴宇江
责任设计：董建平
责任校对：梁珊珊　王金珠

世界住居与居住文化
Houses in the World and Living Culture
胡惠琴　编著

*

中国建筑工业出版社出版、发行（北京西郊百万庄）
各地新华书店、建筑书店经销
北京嘉泰利德公司制版
建工社（河北）印刷有限公司印刷

*

开本：787×1092 毫米　1/16　印张：12¾　字数：320 千字
2008 年 10 月第一版　2023 年 11 月第二次印刷
定价：**53.00** 元
ISBN 978-7-112-10023-1
（41433）

前言

人类在长久的进化中，获得了各种能力，建造住居（Dwelling）是其能力之一。住居是人类制作的最大、最恒久的作品，投入的劳力、时间最多，造价最高，它反映了人们依存的宗教、阶级、社会、个人的思想价值观。住居是与文化结合最为紧密的建筑类型，是以住宅为载体的文化现象，是在人们创造住宅的物质形态过程中产生的。住居是涵括了生存过程的人生舞台，住居生活本身即是一种日常活动，因此它包括了人类住宅建设实践过程中的一切产品。

住居学（Housing and Living Science）是一门年轻的新兴学科，是解读居住生活机制，指出存在的诸问题，提出社会的、技术的课题，探究居住生活的应有方式的学问。

日本对本土的住居史研究在世界上属领先国家，无论是对历史的研究积累，还是对现状的研究存量，没有任何国家可以匹敌。研究的主要方向有两类：住居史和民居。

日本是从 20 世纪 50 年代开始住居学研究的，至今已经走过了半个世纪的历程。早在数十年前日本就成立了生活文化史学会，其学术刊物《生活文化史》以及各种主题的学术会议为会员提供了视角广阔的平台，在居住生活方面的研究有了很多的积累，硕果颇丰。此外该领域的学术论文在称为"黄表纸"的日本建筑学会核心期刊的论文总量中占有很大的比重，并将研究成果还原于社会，为住宅设计质量整体的提升奠定了深厚的学术基础。第二次世界大战后日本在住居的改善方面做了大量的工作，社区结构发生了很大变化。住居学在解释新的生活方式，提出新的居住模式上发挥了不可估量的作用。

日本新制的大学里都增设了住居学或建筑策划学、住居规划、居住生活、住居史、生活文化等与住居学有关的专业。瑞典大学建筑学部里"Building Funciton Analysis"专业，近似日本的建筑策划，研究人员除建筑学专业外，还有社会学、心理学、文化人类学、景观学等专业人员，从事人与环境的研究。

鲁道夫斯基的《没有建筑师的建筑》（Architecture Without Architects，1964 年）问世以来，吸引了众多的建筑师关注"乡土建筑"。最显著的成果是 1997 年 P. 奥利弗（Paul Oliver）出版了世界乡土建筑的百科辞典 *EVAW*，2006 年布野修司又编著出版了《世界住居志》。

住居学属于基础学科门类，一般来说基础科学知识的体系化程度越高，应用范围越广，社会的有用性越大。基础科学都是与预见性相联系的，科学证明的规律是在一定条件下的规律，可预见在同等条件下的规律重演。基础科学可以说明内在诸关系的规律，它以技术为媒体对社会发挥作用。迄今的居住学对软科学的研究有一定的局限性，容纳人类生活的住居单靠工学、力学的观点是苍白无力的。

在现代社会中，科学艺术同日常生活处于分离状态，因此日常生活至今尚未得到自觉和充分的研究。生活是每一个生命的实情本相，是历史的真实文本，细节与事象使生活最具有生命质感，具体微末的事象中蕴含着生活文化的丰厚多义。

我国的住宅研究一直深入不下去，与居住密切相关的居住生活的研究论文凤毛麟角，在这个领域还有许多的空白有关。这与建筑界观察角度和研究领域的局限性有关，似乎认为对生活的研究不属于建筑专业，把住宅研究看成高于生活的艺术，忘记了住宅本来就是源于生活的。这是一个误区。住宅不可过高陈义，离开了有血有肉的生活，居住建筑就无从谈起，居住建筑的研究也是残缺不全的。

今后的住宅市场的竞争就是文化的竞争，建筑师的成功取决于文化的底蕴、知识的积累等素质。居住建筑还有许多课题有待研究，切入的角度很多，还有研究的空间，其中生活文化的研究是不可或缺的视角。

本书通过对日本住居学相关书籍和文献的大量研读，力求将该科学知识体系化，并从居住者生活的角度对住宅内部功能进行剖析。以生活研究作为切入点，虽是与功能主义不同的深入方法，但殊途同归，最终都是在空间上解决功能问题。投射的坐标为：时间轴（历史演变）——在前后相继的历史文化中厘清住宅史发展的脉络；空间轴（世界住居）——在各文化间，各视域中阐释和界定居住文化的特质。各文化传统之间有着天然的文化异质性，多元纷呈。本书通过国际比较、个案分析，进行跨文化研究，了解一个社会的多元本质，基于地域生态系的住居体系。

住居是以占据空间开始的，空间才是住居真正的主角。本书列举了世界各地有代表性的住宅实例，不突出介绍外观和造型的设计，而把重心主要放在内部生活空间的划分和使用上，是本书的特色所在。

书中所涉猎的时空范围主要是东亚、东南亚、欧美的住宅起源和发展以及居住生活，由于篇幅有限，中国的民居和住宅史已有不同版本的介绍，在实例篇中除台湾地区外，本书没有再列举中国本土的实例。

在本书编辑过程中主要参考了日本放送大学教材《居住策划论》（本间博文、初见学）、《居住学入门》（本间博文）、《东亚、东南亚住居文化》（藤井明、岑畑聪一）、《世界的居住与生活》（服部岑生）等书籍，其中插图的描摹、改绘以及 CAD 的制作由北京工业大学研究生吕勇和李贺同学完成。

胡惠琴

二〇〇七年十二月

目录

【理论篇】

3　　第一章　住居学基本理论
3　　第一节　住居学概说
8　　第二节　住居学先驱性研究
17　　第三节　住居学研究方法——居住生活文化史

25　　第二章　风土文化与住居
25　　第一节　风土与住居的理论
30　　第二节　住居的起点

【实例篇】

43　　第三章　东亚、东南亚住居与聚落
43　　第一节　概述
46　　第二节　日本的和风住居
55　　第三节　韩国的两班贵族住居
62　　第四节　泰国阿卡族的高床式住居
68　　第五节　马来西亚达雅克族的长屋住居
72　　第六节　菲律宾吕宋岛山民的住居
77　　第七节　印尼尼亚斯岛的住居
85　　第八节　印尼小巽他列岛的住居
92　　第九节　印尼巴厘岛的住居
103　　第十节　中国台湾兰屿岛的住居

108　**第四章　欧美的住宅与居住区**
108　第一节　概述
110　第二节　欧洲的中庭型住居——南欧的住居
117　第三节　欧洲的集合住宅的起源
121　第四节　欧洲的集合住宅的展开
126　第五节　欧洲的乡村别墅——独立住宅
131　第六节　欧洲城市住宅区的形成谱系
136　第七节　欧洲城市住宅区的围合布置
140　第八节　欧洲郊外住宅区——田园城市和新城
144　第九节　欧美城市中心住宅——联排住宅和插空住宅
148　第十节　美国的城市高层住宅
153　第十一节　美国的郊外独立住宅

158　**第五章　未来的住宅**
158　第一节　未来的住宅——公共性
162　第二节　未来的住宅——健康性
165　第三节　未来的住宅——丰富性

【知识篇】

171　**第六章　集合居住**
171　第一节　城市居住形态
174　第二节　社区的形成
179　第三节　新的生活方式设计

185　**第七章　居住空间**
185　第一节　居住空间的构成和设计
187　第二节　人体尺度与适当规模

192　**后记　没有建筑师的建筑**
196　**参考文献**

理论篇

第一章　住居学基本理论

第一节　住居学概说

一、住居学的意义和相关概念

1. 住居的含义

关于住居的表达有许多，汉字有"住宅"、"住房"、"宅邸"、"家"等。在英文中也有很多，如 House，Dwelling house，Dwelling，Residence 等，这些表达在语源上有语气差异，也有时代背景的影响。现代的"住房"多指作为房地产的商品房，"住宅"是最一般的表达。住宅的"宅"具有宅基地的含义，多指有宅基地的住房，不包括利用洞窟建造的穴居、长屋（Long house）、集合住宅中个人的房子等。而"住居"表达的重点是放在居住上，对哪种类型都适用。

一般与宅基地（土地）所有关系无关的使用"住居"来表达，而拥有宅基地的（贵族的住宅等）使用"住宅"来表达。

所谓住宅是指一栋建筑，而住居是包括了基地、街道、环境等居所，因此家庭成员的构成、经济状态、生活态度、年龄结构、生活方式、风俗习惯、社会结构都是影响住居形式的因素。

2. 什么是住居学

住居学英文为 Housing and Living Science，是解读居住生活机制，指出存在的诸问题，提出社会的、技术的课题，探究居住生活方式的学问。住居学就是研究生活行为与居住空间的对应关系以及相互关系的学问，是建筑学的基础科学，也是生活科学的一个分支。住居学不是建筑学的亚科学，可以说是微型建筑学。

建筑区别于绘画、雕刻技术的是空间的性质，对空间的研究是建筑学最根本的课题，特别是内部空间的起源可上溯到远古，例如人类最古老的住居形式——洞窟是由内部空间构成的，没有外观，外面可看到山或崖。洞穴是一个纯粹的内部空间，这是建筑的原形之一。因此狭义的建筑空间是指内部空间。

内部空间的发展有附加与分割（加法与减法）两个手法，随着人类的进步、生活复杂化，导致居住平面的功能分化，隔断的产生和发展带来内部功能的分区，户外昼间生活的增多导致住居的扩张等，可以说室内空间的营造是建筑学的终极目标。而构成发展室内空间的物质媒介——家具更直接服务于人，受人的生活起居观念影响很大。室内空间的形成取决于人们的生活起居观。

建筑空间与数学所使用的空间概念不同，极富感情色彩，是具象的。数学的空间具有无限、连续、等质、等方等诸性质，是抽象的、理想的，只存在于观念世界，而建筑空间是有着造型意义的、可视的、可触的、可体验的。建筑历史最重要的是造型空间的人类历史。住居学就是侧重研究内部空间的学问。

要决定一个户型平面，首先要了解家庭生活的实态，这就要涉猎家庭生活学、家庭心理学、空间心理学、社会学等领域。因此，住居学是涵括相关学科知识且综合性极强的学问。

总之，建筑学是从建筑师的立场来探讨住宅有用性的学问，住居学是从居住者的立场来探讨住宅舒适性、方便性、健康性、安全性的学问。文化框架意义中的空间秩序与根据功能需要创建的空间性质有着本质上的不同，不是单纯地将诸要素互相连接、组织起来，而是寻求方便，舒适的途径。

住居学研究的目的是从历史的角度、社会的角度说明和认识居住生活的内在规律性，生活与空间的相互关系，以及发生、发展、变化的因果关系、结构关系。

住居学是生活科学的一个分支，主要是站在业主或客户的立场上研究在生活万象中住居的实用性，它与从事实际工作的建筑师、开发商设计和建造住宅的建筑学持有不同的视角。

换言之，建筑学是从"建造者"的立场来研究住宅的，住居学是从"居住者"的立场来研究住宅的。住居学是为居住者着想的学问，而不是培养建造者的学问。

3. 住居学的意义

19世纪末，伟大的建筑师勒·柯布西耶给住宅下了一个定义，称"住房是居住的机器"，英文为 The house is a machine for living in 。其中 "living in" 是宾语，强调的是机制，in 是重要的，建房的目的是为了居住。既然"住房是居住的机器"，那么现代建筑学的主旨应该是研究机器的机制。因此在日本也有把住居学称为"生活机构学"的。现代建筑（住宅）其机械的外壳已经相当洗练，但遗憾的是在我国建筑学领域中对 "Living in" 即居住方式的研究以及居住行为本质的基本研究还是一个薄弱的环节。"Living in" 研究的深入，对建筑师是十分有用的。如何让现代住宅成为适居的机器是重要的课题之一。

作为硬科学的住宅建筑固然重要，但居住行为、生活方式等软科学的住居学研究也是不可或缺的。产业革命以来，由于工业的发达，人类扩大了自己的生活圈。例如肾功能衰竭的患者通过人工透析装置，可以同健全的人一样生活。人工透析装置成为名副其实的生存机器。不仅是住居，包括防寒服都是生活所必需的人工体外机器（Exist-microgram）。人们利用这些装置丰富了自己的生活环境，比其他生物更广泛地扩大了生活圈（生活半径）。建筑的确是体外支持生活的装置。

4. 居住学与住居学

住居学主要研究居住生活的特性，即生活现象和生活行为。所谓生活现象就是从每个人的立场来看，生活行为的无限连续。所谓生活行为就是人与人，人与物的关系的连续。行为主体（人）与生活客体（空间）的关系，主体的切身需求应与客体的功能相符合，因此空间的划分应符合生活主体的需求。生活行为都是有时间性、空间性的，居住生活构成了生活空间的侧面。

迄今的居住学对软科学的研究有一定的局限性，例如对幸福、安逸的概念即便有定性的研究也不可能有量化的指标。而住居学可以将幸福解释为舒适、方便，将安逸解读为住宅的安全等。

说"住房是居住的机器",似乎必须用理工学方法来解决,但容纳人类生活的住居单靠理工学的观点是远远不够的。例如,在人体工学中的人体测量及对人身安全的研究仅停留在静态的一般水平上,而对动态的更须保护的老人、儿童、残障人等弱势群体的研究就显得束手无策。

5. 住居观、宇宙观

住居观(Housing notion,Housing opinion) 基于居住意识对住居的见解,是以居住要求作为基本意识的,依据个人、社会的诸条件以及地域、民族的不同,住居观也不同。19世纪中叶,美国热心追求以 A. J. 达尔格为先驱的"美式住宅(American home)",确立了住居应表现道德性、信仰的热情、秩序、安定、爱情、知性、教育、纯洁、洗练以及教养的住居观。当时以资产阶级为中心展开的思潮,Home suite home 所表现的复古情节与住居是社会安定的基础的住居观一起被广大的美国人所接受。

对中国人来说,住宅是保卫家人安全的最后一道防线——堡垒,因此住宅以防守为主,表现在空间上就是高围墙,封闭的合院。

欧洲,例如英国有着著名的 3 只小猪的童话①,说明英国人崇尚坚固的砖石的房子。而日本人的住居观是十分超然的,即建筑的非永恒观,不像西欧或大陆居住文化把住居看作生存的据点那样重视。这并非说日本的传统的居住文化贫乏,相反表明日本有着非常独特的本土文化。在日本传统的意识中,住宅被认为是临时居所,用兼好法师的话说,住居只是人生旅途中的客栈,人类暂栖在世界上,理想的住居应是朴素的,"坐起来半张(榻榻米),躺下一张"。人生有涯,一个人能占多大面积呢?人往床上一躺,睡觉的地方就那么大,不管有多大的豪宅,实际需要的空间是有限的,对住居不过分追求被视为美德。由于日本的森林资源丰富,木材成为住居的主要建筑材料。这种建筑的暂时性,不仅表现在住居上,寺庙也是一样,像已有 1300 年历史的伊势神宫的"式年迁宫"(神社每隔一定的时期就要易地重新复制),每 20 年就要重新建造一次那样,不求建筑的长寿。

宇宙观(世界观) 对空间的构成有很大的影响,例如印尼的松巴族把住宅看作是神、人、动物的世界,因此在剖面上分成三段:地下为动物界,中间为人间界,上面为天上界。"三界思想"(后章详述)生动地反映了宇宙观对住居的影响。同时方位观对住居的影响也很大,各地域民族对方位具有的感觉,与出生地有关的方位观、民族特有的方位观等,在空间排列上赋予特殊的意义。也有在东南西北绝对的方位下赋予其意义的,常见的是起因于地形、神话的,例如山和海的对比,河川上游与下游的对比等,炉灶的位置、出入口的位置、男女的居所,甚至最初建的柱子的位置都会受到固有方位观的影响。依照各民族的"双分观",将住居和聚落的各种领域分成两个相辅的部分,例如左与右,男柱(圣柱)与女柱(俗柱)、善与恶、富与贫、凶与吉、生与死等。综上所述,不同的居住观、宇宙观孕育了各国独自的居住文化。

---

① 童话作者为英国的约瑟夫·雅各布斯。有一只老母猪生了三只小猪。她养活不了它们,于是就把它们打发出去,让它们各自去寻找自己的幸福。第一只小猪用稻草盖了一所房子,被狼吹倒,狼把小猪吃了。第二只小猪用木头盖一所房子,又被狼吹倒了,狼又把小猪吃了。第三只小猪用砖砌了一所房子。狼吹不倒房子,从烟筒钻进屋子,掉在小猪放在炉灶上的一口大锅里烧死了。从此以后,小猪再也不受狼的干扰,幸福地生活着。

二、住居学研究范畴和课题

1. 研究的范畴

住居学的研究主要聚焦在内部空间的研究上，探究生活与居住空间的关系：居住方式与平面的对应关系、家族构成与平面的对应关系、生活行为与平面的对应关系。空间可以具体细分为以下几个子课题进行深入探讨。

（1）空间的秩序

古人以最简单、最原始的定位方法取得建筑群的有序，空间的位置是研究空间秩序的线索，包括前与后、左与右、上与下（剖面上划分）、表与里、内与外、中心与边缘以及顺序和层次等内容。

（2）空间划分原理

1）家族构成与平面的对应关系，包括血缘关系派生的空间关系、主从关系、家长制度、名分、地位、等级。

2）空间分配。主要考察男女如何占有空间，男的领域、女的领域的划分和使用。

3）空间的使用。日常与非常、平日与节日、圣与俗的空间划分，如婚丧嫁娶、人生礼仪、节假日等庆典空间的交叉与转换。

（3）空间的序列

单位空间的成立，聚落空间序列规则，领域界限，空间的分节，从属关系等。

（4）空间的性格

空间的开放与封闭，公与私（家族空间与私密空间），明与暗，阴与阳，圣与俗，高与低（上位与下位）等。

（5）空间的质量

空间的调度与装饰，材料、颜色、空间的流线，以及人体功效学等内容。

（6）空间的评价

住居的成立过程、历史区分、时代特色等内容。

2. 住居学的研究课题

住居学研究的对象主要是住居平面和生活方式的关系、居住生活存在论，以及住宅、居住生活方式的变化。具体的研究课题如下：

（1）居住需求与居住环境

研究生活主体的居住需求和居住空间的功能关系，两者适应与否。所谓的居住需求是指主体行为，行动的倾向，居住者的诸欲求，生活主体和居住环境的关系。居住需求显现条件是主体的生活结构，反之生活结构也会制约居住条件。

居住功能取决于居住形态，功能适应居住需求。住居应对居住者需求是寓于居住行为、行动的过程中的。

（2）住居空间结构

整体也好，围合的局部空间也好，其构成要素之间存在着结构关系，称作"住居空间结构"，其限定条件为空间规模。

（3）住居平面与居住要求

根据居住者的需求，整合居住者在时间上、空间上区分的"空间分离和结合的体系"。

所谓分离就是将住居空间的多目的性，通过空间关系的调整，达到有序化，避免空间的摩擦。所谓结合就是在一个空间内使多种行为、动作成立，达到内部秩序化。

3. 住居学研究的坐标

住居学研究应着眼于时间和空间的研究，纵向考察本土的住居史的变迁，横向进行世界各地住居的比较研究，以及现实的居住实态的调查研究。

纵向——时间轴：对历史的研究，主要考察住居空间的构成原理、演变过程、空间造型的意义。

横向——空间轴：对现状生活实态的调查，包括房间的使用情况，家族在各房间的滞留时间、行动路线、就寝时间、居住环境、能效等，以及各国文化的比较。

文化包括血缘——民族性，地缘——地域性，人缘——历史性。建造有文化内涵的、亲切的、有品位的住宅，就要研究生活，研究历史，深层次的基础研究是不可或缺的。几千年丰厚的建筑文化遗产会给我们宝贵的启示。任何一种文化都是有根基的，有积累的，对自己民族的历史不作研究，一味追求现代化，就不会有民族特色，也就没有品位。

三、住居学的特性

古今中外住居形态的多彩，住居空间构成要素的丰富，具有内在成因和外界自然、社会条件制约的复杂性，和家庭成员构成的多样性，生理、心理、文化、生活的多面性，以及文化性，社会性，经济性。主要有以下两个特性：

（1）住居学的科学预见性

基础科学都是与预见相结合的，科学证明的规律是在一定条件下的规律，可预见在同等条件下的规律重演。

（2）住居学的社会有用性

基础科学说明了内在诸关系的规律，以技术为媒体对社会发挥作用。基础科学知识的体系化程度越高，应用范围越广，社会的有用性就越大。

四、住居学相关学科

住居的许多现象不是从功能上可以解释的，包括宗教信仰、宇宙观、农业形态等。建筑不是一种技能型职业，而是构思型的，其社会性、文化性很强，综合性的视角，学际性的交叉研究是当前国际上的主要趋势。因此，许多国家将建筑工学专业改为建筑学专业。建筑学正成为概括性、综合性的学问领域，应用相关领域的研究手法和成果，把学术研究推向新的高度。

1. 建筑规划学与住居学

建筑规划学是住居规划学的母胎，居住方式的研究是科学研究的第一阶段——现象阶段，是建筑规划学的基础研究，也是前期工作。

住居规划学研究的内容：

1）功能圈的分区（公共、私密、劳动圈的划分是居住环境秩序化的根本）；

2）适当规模；

3）人体工效学、安全性；

4）家族构成与平面。

2. 建筑史学与住居学

建筑史与住居史一样都是说明建筑发生、发展和变化的过程，以认识建筑的本质，两者之间是相互支持的关系。

3. 地域社会学与住居学

住居和地域是居住空间的两个侧面，相互关联。例如礼仪、待客、上坐与下坐的身份对应关系、位阶性是身份社会反映在住居等级上的表现。村落制度、结构的变化、经济制度的变化、劳动时间和空间的分离等都对住居产生影响。

4. 环境科学与住居学

住居最初追求的功能是气候缓和作用。环境与人类的生存息息相关。环境被破坏的原因在于人的需要和欲望适应自然的方法不妥当。环境科学与住居学是处于同一个认识基础上的。

5. 地理学与住居学

住居是地域景观构成的重要要素，与居民的相互关系上两者有类似地方，可以用气候、地形、水利等地理学来解释风土与住居的关系。

6. 考古学与住居学

文字记载的史料与考古发掘的资料之间有着很大差异，光依靠文献史料描绘历史形象，存在着看不到的世界，考古学发掘的资料可以填补这个空白，为历史学提供可贵的未知资料。

在住居方面：研究住居与地域性的关系，面积和平面形态（居住空间的划分），生活方式与出土文物的关系。

在聚落方面：研究聚落构成结构，聚落的规模，居住形态，生活方式，内部空间的构成形态。

7. 人类文化学与住居学

居住生活是生活文化之一，是住居学的重要侧面，居住文化在建筑学上是建筑历史研究的对象。人类文化学是以文化形成因素的行动样式为对象，研究人类社会中的行为、信仰、习惯和社会组织科学，不涉及住居的建造方法，居住方式（行动样式属于软科学体系）。在英国称为社会人类学，在德国称为民族学。

8. 人体工效学与住居学

人体工效学是从生理学、心理学、物理工学的层面切入，研究和设计适应人的生理特性的机械装置，为建筑学的空间尺寸的确定提供标准参数。

第二节 住居学先驱性研究

一、日本住居学研究的历史

住居学是日本第二次世界大战后（1950年）在研究建筑学、家政学的基础上发展、形成的一种新型科学门类。住居学简而言之就是专门研究居住形式与生活方式的学问。

住居学起源于欧美的家政学（Athenians），也叫优境学。英语的 Economic（经济）一词来源于希腊语 Economy，即生活科学研究，具有家政学的意义，因此美国的家政学也叫 Home economic。日本也有把住居学称为"生活机构学"的，另外，被译为环境生态学的 Ecology 同样源于意味"住居"的希腊语系，后缀一个意味学问的词尾 logy，可以说住居包括经济学及环境生态学。住居学是一门年轻的学问，研究历程还很短。日本从 20 世纪 50 年代开始住居学研究，至今有 50 年的历史。住居学作为独立学科在欧洲及第三世界国家都还没有设立。瑞典大学建筑学部里的"Building Function Analysis"专业，近似日本的建筑策划，研究人员除建筑学专业外，有社会学、心理学、文化人类学、景观学等专业人员，从事人与环境的研究。

日本对本土的住居史研究方面在世界上属先进国家，无论是对历史的研究积累，还是现状的研究存量，没有任何国家可以匹敌。研究的主要方向有两类：住居史和民居。经过半个多世纪的摸索，日本在住居学研究方面积累了丰硕的成果，并还原给社会。近几十年来，日本的居住生活质量、社区的结构都发生了巨大变化，住居学在科学地解释新的居住生活方式、提出新的住居模式等方面发挥了不可估量的作用。

二、住居学的研究成果

综上所述，住居学是一个集人类学、社会学、民俗学、历史学等软科学广泛领域为一体的综合性学科（表1—1）。住居学在引用边缘学科研究成果的基础上，应用其他领域的研究方法的同时，尝试开辟独自的研究方法。

住居学领域构成与相关学科　　　　　　　　　　　　　　　　　　　　　表 1—1

领　域	研究内容	相关学科
住居史	住居、居住生活的历史	历史学
户型设计	户型平面设计	社会学、心理学、行为科学
居住区规划	居住区（地区规划、设施规划、道路规划）	社会学、社会心理学
居住环境	住户、居住区的光、声、热	物理学、工学、地理学、气象学、心理学
结构	结构强度、抗震性	物理学、工学
材料	强度、特性、耐久性	物理学、工学、心理学
维护管理	住宅的管理、维护、修缮行为	社会学、经营学
住宅问题、住宅经济	住宅现状、住宅政策、地租、房租、贷款	经济学、行政学
比较居住文化学	比较各国居住样式	民族学、文化人类学
设计	住宅、外观、室内设计	心理学、艺术学、美学

住居的贫困就是家庭生活的贫困。过去日本的住宅被欧共体首脑喻为"兔子窝"，这并不是单纯指面积的狭窄，在这么窄小的面积中，日本人能够生活得悠然自得令欧洲人不可思议。俗话说"衣食足而知礼"，第二次世界大战后日本学者认识到"健全的住居才能构筑健康的家庭"，开始重视对居住生活的研究，尝试从各种不同专业角度和立场来探讨人类居住生活与住居形态的相应关系等学术问题以及研究方法论。

1. 住居的阶层性

近代建筑师在起草《雅典宪章》（Athens Chapter）时，把人类生活划分为三部分：日常生活、劳动和休息，即所谓的"三分法"。

20世纪50年代日本住居学研究的泰斗西山卯三先生提出了新的生活理论。他认为人类社会的构成有着历史性和社会阶层性住宅的规模与风格依业主的身份、等级而异，应该用等级的观点垂直地看住居。从阶层构成图（图1-1）可以看出住宅的类型与地位、收入等阶级呈对应关系。

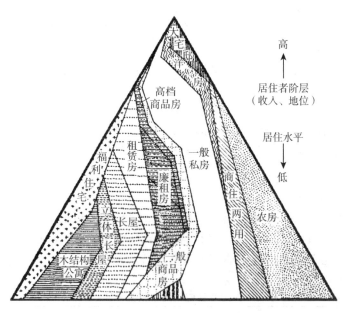

图1-1　住居的阶层性示意图

（来源：参考文献［38］，9页）

西山先生战后对日本传统住宅进行了实证调查，包括宅基地的所有制关系、用途、面积、住居的性格、布置规则、阶层的建造样式等，他将传统民居的平面居住方式进行分类，分析其分布情况，关注居住者24小时的生活动态，以实证性手法揭示了"食寝分离"（就餐空间和就寝空间分开，目的是使居住生活更有秩序，提高能效。这是居住生活的最低标准）的生活规律，即住居的发展是从食寝分离开始的。而住居发展的第二个阶段是"就寝分离"（出于对夫妇生活的私密的重视，以及儿童成长、人格塑造的观点，夫妇和孩子分室就寝）。

2. 生活类型论

1965年日本住居学研究的先驱吉坂隆正先生进一步充实了"三分法"，提出了生活三类型，即把修养、采集、排泄、生殖等生物性的人的基本行为作为第一生活；家务、生产、交换，消费等辅助第一生活的行为作为第二生活；表现、创作、游戏、构思等从脑力和体力中解脱出来的自由生活作为第三生活（表1-2）。此"三类型"的生活的据点就是住居（住宅＋周围环境）。原始时代的住居几乎都是以第一生活为主，动物的生活也大致如此。随着时代的发展，人类很快进入第二生活，原始人的洞窟壁画标志着文明的初级阶段。第二生活最初起源于贵族家庭文化。第一生活要求住居，第二生活自给自足的经济仍然要求住居，随着劳动力的社会化、集体化，第二生活逐渐从住居中分离出去。

吉坂先生的生活分类，基本上还属于"三分法"的范畴，但是已经不是毫无生命力的

"三分法"，而是重视和丰富了第三生活，反映了吉坂先生的生活观察态度的多重性。

生活的分类　　　　　　　　　　　　　　表1－2

生活分区		生活内容
第一生活	修养 采食 排泄 生育	就寝　横卧　倚坐 饮食　嗜好　哺乳 入厕　洗脸　淋浴 妊娠　分娩
第二生活	家务 生产 交换	炊事　洗涤　扫除　整理　育儿 消费性生产　创收性生产 买卖　运输　储藏
第三生活	表现 创造 游戏 冥想	语言　书写　造型 艺术　科学 体育　娱乐 哲学　宗教

3. 住居人类学

日本建筑史学家大河直躬教授著述的《住居的人类学》是对日本庶民住居的再考。在迄今的住宅史和民居的研究中引入了人类学的观点。他认为，住居的形式依据民族的不同而不同。一个民族的住居外观依据地域不同也各异，这早已被观光者所注意到。但住居不同不仅表现在外观和结构等可视的部分，还涉及到住居内部的平面形态及种种习俗等更深层次的东西。根据建筑史、民俗学、地理学、人类学等实地考察的积累，这些逐渐清晰起来。对于这种住居样式的形成以及习俗的不同是如何产生的有着各种解释，除去主观的解释，客观的说明早已存在，目前最广泛被认同的是缘于气候、风土，自然条件的不同。诚然屋顶的形式与材料、地坪的高度有着一定关系，但从住居的整体来看只限于很少部分。最近又有例如宗教观、宇宙观、农业形态、技术发展阶段等人文方面的注解，这些虽然可以解释一些形式上的特征，也是有局限性的。居住习俗受气候、风土、人文条件的影响，在各自社会中经过长久岁月孕育而成，因此具有相当复杂的内在机制。与居住习俗有深刻关系的平面形态，究其根本是与人们的感觉有着密切联系。这种感性在土生土长的环境中很难意识到，日常生活中对住居的感受就是方便性、舒适度，因此住居习俗的不同是隐藏在日常生活中的潜质的东西，这些东西的集合具有左右住居中空间秩序的作用。英国住居中的公与私的空间划分，中国的住居中广泛看到的左右对称的布置就是其作用的结果。大河教授将这种空间秩序称为"文化框架"，认为它与依据功能关系构筑的空间秩序有根本不同的性质。功能的秩序可以依靠人的行为，为实现合理的通风、隔声、遮挡等进行空间隔离和结合；而"文化框架"则不同，它是超越了功能关系的。大河教授对住居学的重要贡献是提出探求住居中的文化框架和内在机制，认识民族和地域的文化框架的多样性。

他在考察日本庶民的住居中的厨房设备时从作业姿势和身体动作的研究切入，指出传统的厨房设备不是由作业台的高度与作业的能效和疲劳度来决定的，而是由地域和空间培育的作业姿势所决定的，即日本人传统的席地而坐的姿势决定了厨房的高度。人类的姿势和动作都具有一定的形态，是沿用法国社会人类学者 M. 莫斯的"身体技法"的概念来把握的。寒暄、休息、作业等许多"身体技法"不仅依据民族、地域不同而不同，还与年龄、性别有关，是在不同的文化中传承而来的。

4. 动物行为学

吉坂隆正先生也尝试着从人类文化学的角度研究住居。他在法国留学时，每逢休假就到人类博物馆去参观学习，这使他具备了人类文化学者的基本素质。1957 年他参加了非洲探险，实地考察了包括未开化民族的住居在内的各地民居，他的足迹几乎遍布了整个世界。一般日本学者的住居论都是把日本和欧美进行比较，而吉坂先生的住居论《探险》是以全球为研究对象，是站在人类史的视角上的。特别是他涉猎了许多未开化民族社会的住居，进行分析比较，目的是探知住居的原型，寻找住居的原始起点。吉坂认为，人的生活是从占据空间和时间开始的，动物筑巢则仅仅为了个体的生存和物种的存续，这是生物生存的两大原理。可以意识到时间的动物——人类的住居还要附加一个动物的巢所看不到的历史价值观，即把生活和居住放在时间轴上来设定，这与人类住居形态的连续性、演变性有着密切关系。

在研究住居生活圈（活动半径）上，吉坂引用了动物行为学（Animal Behavioral Science）观点，提出了"居住场所同心圆"的空间结构理论，即对动物来说事物存在的场所范围为生活圈，其内侧是防范外敌的警戒圈，中间是逃避圈，最内侧是反击圈。那么以此相对应的人类也构成了同心圆的世界：即同胞圈、熟人圈、朋友圈、知己（夫妻）圈（图1-2）。由此得知，人类也是出于自我防卫意识来界定空间的，反映在居住空间上，这种生活观就更具象了。进入大门后有入口门厅、客厅、居室。针对来访对象的亲疏度，接待的领域范围也不同，一般关系很难进入主人的寝室、书房和厨房。

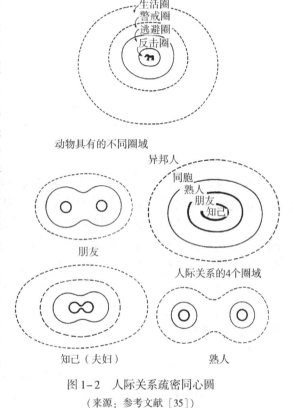

图1-2　人际关系疏密同心圆
（来源：参考文献［35］）

5. 住居空间人类学

迄今对住居的研究，一般是从人类学的立场，对一个同质的社会、文化集团的住居样式进行记述或对住居和社会结构进行比较等，重点放在民族志研究上的很多，几乎都是基于对房屋形式、地理性分布、历史发展等文化史的立场。人类文化学者石毛直道先生则超越了对典型个案和类型学的研究，基于"住居对人类来说具有什么样的意义"这种普遍的设问，进行一般的文化和社会调查。他调研了大洋洲、非洲等八个地区的土著居民的住居，超越了既有概念的框架，更客观地把握了住居的实态。比如受宗教、传统习俗的影响，在住居空间的使用上男女有别这一点，各民族就有很多的不同。此外根据季节还有干季和雨季住居之分。他提出的"人类的住居与动物的住居不同点之一是有接待客人的功能"论点具有现代的意义。他列举了关于"Living in"的具体实例（数据），是没有建筑学知识的学者对于居住的洞见。住居内部的划分是基于各文化极其个别的原理，不单纯是功能，是一个社会的人际关系的分类法，人类行动的分类法，世界图像的认识法等，即每个文化不同的精神结构——其中特别是社会结构的认识、民族分类（Folk-taxonomy）、世界观——有着密切的联系，住居空间的划分是精神上（意识形态）的东西。住居的开放与封闭也反映社会中人际关系的秩序，因此居住空间设计与社会人类学有着很深的关联。

6. 居住生活文化史

日本建筑史学家平井圣教授对住居的考察是出自居住生活史的视角。他从日本家庭的变化与住居形式的对应关系来说明住居与家庭生活、个体行为的关系，以及研究家庭成员中男性女性如何使用空间等问题。

平井教授将居住生活分解为各种具体行为进行专题研究，并著有《生活文化史》专著。平井教授认为生活文化不仅包括衣食住，还有茶道、花道的修养，琴棋书画的娱乐，以及婚丧嫁娶等人生各阶段的仪式。人生如同一场戏，从出生到死亡，这场人生剧的舞台就是住居，是生活文化造就了住居。平井先生以住居为中心，研究了日本人生活的最基本性格。他认为睡和坐是居住生活中最基本的姿势，就寝和起床是分割生活时间的重要行为，由此考察了地板、榻榻米、卧具、卧室的历史变迁。睡和坐使木地板诞生，后来发展为榻榻米。木板地对日本人来说既是卧具又是坐具，因此有着特别的亲近感，培育了所谓"地板本位"的意识。进入室内脱鞋的生活方式与穿鞋的生活方式具有不同的生活感受，这些生活行为发展为不同的生活文化。

生活行为和感觉培育了居住空间意识。日本的居住空间特色是开放性的，这个开放性具有双重的意义。一是向外部的开放，依靠门窗的开启，在水平方向上不断向外部延伸，这主要指视觉上的开放，水平方向的开放是日本的主要特色。另一个是住居内部的开放，相邻的房间不是采用实墙，而是用纸隔扇、屏风等软质隔断分割，可任意将空间分割成若干小空间。从日本本土发明的这些纸、竹、木隔断的历史可以看出，日本人追求开放性的居住空间意识。这种感觉不仅创造了独特的门窗，而且还发展了风景画、屏风画的艺术。

7. 风土与住居

住居是家庭生活的容器，生活是扎根于风土的文化，不同的风土构筑了不同的居住文化。在不同的自然环境和社会环境下，人类的住居形式各有不同，将这些居住特点和生活行为进行比较研究，是住居学研究不可缺少的预备知识。

回顾人类久远的历史，正像人类进化和技术发展那样是直线形的，是比较而言的，即一方面是新陈代谢；另一方面是根据风土文化的不同，产生了固有的多样性。生存的基本方面——衣、食、住有技术上的发展，也有风土上的适应性。

在使用混凝土、玻璃、铝合金建材，依靠工厂加工来建造住宅的现代，日本人仍酷爱丝柏树（日本特有的一种树，其木材常用来作建筑材料），阿拉伯人仍眷恋帐篷。各地不同的气候、风土、材料造就了世界各地不同的住居样式。

日本住居学学者清家清教授将世界住居按照气候分成干燥地、寒冷地和湿润地三类进行比较，来认识本土住居的特性。

日本的民族学学者和哲辻郎先生曾形象地将以畜牧业为主的欧洲文化称为"牧草文化"，以农耕为主的日本文化称为"杂草文化"，并指出畜牧起源和农耕起源的人类思维方式是不同的。表现在住居上为"石文化"、"木文化"，即"砌筑文化"和"架构文化"。文化的不同、生业的不同，住居形态也不同。即便是同一地区，由于文化背景不同，异质类型的住居的出现也不足为奇。

住居可以保护生活不受自然灾害以及外敌的侵害。从这个观点出发，对住居的境界进行比较会发现，干燥地（如阿拉伯）的住居基本上对外是封闭的，而内部是开放的，中庭型住居是其基本形态。寒冷地为石砌住居、圆木井干式住居，墙体很厚，建筑本身就是封闭的。例如英国郊外住居，由于宅基地草坪的伸延，境界很不明显，但建筑是封闭的。湿润地的住居，境界模糊，住居本身是开放的。通过比较得知，日本本土的住居接近湿润地的类型。先是绿篱，然后是披檐、廊子、板窗、竹帘、纸拉窗、隔断，有层次地封闭是其特色。庭院从内向外眺望时处于内外交融的境界概念。四季分明的气候、变化丰富的大自然孕育了日本人对四季敏感的居住文化。高温多湿的气候给住居内环境的调节带来极大的困难，最终日本放弃了对冬天的对策考虑，出色地创造了"夏季友好"的开放型住居形态。

8. 空间关系学

空间关系学（Proxemics）是文化人类学者 E. T. 霍尔 1974 年在《空间关系研究手册》中提出的人类学研究领域，主要探讨空间的文化及社会使用[①]。空间关系学是由表示接近性、接近度的 Proximity 合成的语言。Proximity 表示接近状态、场所、时间，血缘关系最近的距离。所谓空间接近论就是分析、研究社会、人类、动物等个体关系，社会相互作用影响的学问，是观察可称为文化"隐藏维度"的交流场所接近方式的有用的概念。

对住居内座位的尊卑规定，是软文化，即与家长制度（家族制度）和对空间认识密切相关的上下关系，表明了各地区的文化特质。一般来说住居的硬件即结构和材料主要是由该地域的生态环境决定的，而决定住居的软件即使用方法是该地域的社会和文化。以文化、社会的特质的视角考察世界各地住居的使用方法，可以沿用 E. T. 霍尔提倡的空间关系学（Proxemics 也译作空间接近学）的概念。例如比较一下国际上男士之间的寒暄的接近方式，有身体完全不接触保持一定距离互相鞠躬的日本人，有只停留在握手的欧洲人，有身体紧紧拥抱在一起的阿拉伯人等。这不仅是寒暄的"身体技法"不同，也表现了与对方的距离选择，即个人的、社会的空间使用由于文化的不同而有的差异。

住居具有两面性：①在家庭接纳配偶、生育后代的场所；②为生育后代组成的家庭与外部世界相互交涉的场所。多数场合，前者是向家庭外部封闭的私密空间，后者是向家庭外部开放的空间，两方面兼而有之。从空间接近学的观点来看，住居的空间编成有两套二元对位关系，是卓越的、充满象征性的空间。即面对住居的右手和左手垂直边之间的左右对位，这是"对外开放、外来男士可以进入"的右边，与"对外封闭只有家族可以进入"的左边，"开放空间"与"封闭空间"的对位关系。另一个是距离入口近的外面和远的里面水平边之间的表和里的对位，即男性空间和女性空间的男女对位关系。左边最内侧的

---

① 社会科学新辞典. 重庆出版社，1988 年版，522 页。

"女性空间"是封闭性最强的空间，是妻子的房间。

空间接近学依据性别、阶层、身份有各种变化。比如伊斯兰国家看上去私密性很强，但它有别于我们今天意义上的私密性，实际上是基于《古兰经》"男人是阿拉赋予的恩惠，是女人的保护者"的男女间分工关系上的接近学原理。

中国的四合院，"一明两暗"的布置，中间的"明"即堂屋，是家族的居室，正面摆放祖先的牌位或肖像画，下面是一长几，然后是八仙桌，面对室内的左侧是为主人座位，右侧为夫人的座位，这是以儒教的基本概念"孝"为中心的布置。招待客人也是遵循男左女右的原则，外来者可接近的空间仅限于正房的堂屋。不仅如此，家族内也有男女之分，男女不同席为中国空间接近学的基本原则。

从大家族集中居住的福建土楼可以看到，一方面有家族的公共领域，和各家庭的私密领域的空间划分；同时另一方面有着"客用的外部"和"家庭用的内部"的交互穿插，这种住居空间的双重套匣的居住方式。

斯里兰卡高地的辛哈拉人的封闭型中庭式住居，与一夫多妻制的婚姻制有关。妻子必须有独立的卧室，那里是养育子女的房间，同时又是产房，完全是女性的空间，外来的男性不得进入。

三、住居学研究的现状与今后的研究方向

日本早在数十年前就成立了生活文化史学会，其学术刊物《生活文化史》以及相关各种主题的学术会议为会员提供了视角广阔的平台，在居住生活方面的研究有了很多的积累，硕果颇丰，为住宅设计质量的提升奠定了深厚的学术基础。战后日本在住居的改善、社区结构方面发生了很大变化，将研究成果还原于社会。日本新制的大学里都增设了住居学或建筑策划学、住居规划、居住生活、住居史、生活文化等与住居学相关的专业，拥有住居学专业的具一定规模的大学有大阪市立大学，日本女子大学，奈良女子大学，京都府立大学，东北大学等。这是因为迄今的居住学对软科学的研究有一定的局限性，容纳人类生活的住居单靠工学、力学的知识是远远不够的，收录在业内的权威期刊的日本建筑学会论文集（日本俗称为黄表纸）中的该领域的学术论文在论文数的总量中占有很大的比重。

住居学的课题和方向取决于未来住居发展的趋势。美国经济学家卡鲁布雷斯曾说过"未来是一个非确定时代（The Age of Uncertainty）"。从整个发展趋势来看，社会体系在外界条件的影响下确实在发生着变化。城市化、社会化、高龄化、多样化、后工业化，不能一锤定音的社会结构出现了。近年来，生活的诸现象表明了文明转换期的征候。

采用"考今学"的手法，对现代的社会现象进行分析，扫描居住生活，作为住居学研究的方向主要有以下几个方面。

1. 社会化

在20世纪60年代，西山先生就在《住宅的未来》一书中，集经济学、社会学、家政学等社会科学诸领域的研究成果，提出了"生活社会化结构"的理论。从住居的历史演变来看。住居发展是从最初作为掩体的单一空间的初级阶段开始的，生活的丰富带来了居住空间的复杂化，同时又从住宅中排出了许多生活过程，分离出其他建筑。社会的进一步发展，居住生活的许多其他部分又被社会化了，诞生了许多新的公共设施，从而使住居走向

"纯化"。例如过去在家里进行的婚丧嫁娶等仪式转向了住宅外，近年来在外面餐馆招待朋友用餐的已占多数，忘年会、聚会都集中在公司举办，传统的年夜饭也在外面包桌。不仅如此，文化活动（音乐、艺术）、修养活动（教养、外语、资格考试）、社会活动（义务）等余暇生活都已社会化，居住生活出现了"外部化"的现象（图1-3）。

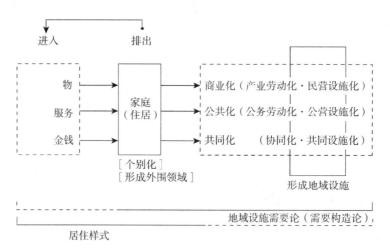

图1-3 生活的社会化概念示意图

（来源：参考文献［25］）

2. 高龄化

生命科学的发展使人的寿命增长，高龄化迅速到来。独生子女的政策，使家庭育儿期缩短，老人居家的时间相对拉长，从心理和生理两个特征出发的"适老性"住宅设计已是势在必行，这是住居学的新课题。

3. 生活价值观多样化

当今的社会是多种价值观混合的社会。在生活目标上追求个人生存价值，强调个人主体性；在家庭关系上倾向于软（Soft）家庭关系，长辈和晚辈像朋友那样相处；在人与人之间关系上重视对他人的诚信；在生活设计上自我表现意识强；在世界观上不喜欢循规蹈矩，喜欢创新，摸索新规范。住宅要适应多种价值观的可变性是现今社会的需求。

4. 家庭构成多样化

随着社会的进步，人们的思想开化，出现了各种家庭形态，除了一对夫妇带一个孩子的三口之家的主流家庭模式外，单亲家庭、丁克家庭、单身贵族、周末婚等各种家庭结构出现了，划一格式的厅室组合模式不再是惟一的标准设计，需要适合各种生活方式的个性化设计。家族构成也是动态的，目前我国三口之家是普遍的，今后也不是一成不变的，二室一厅，三室一厅的模式不一定就是最合理的。

就家庭内部来讲，家庭成员的构成也是动态的（图1-4）。作为生活舞台——家的空间和居住空间的模式如何适应不断变化的家族周期形态，探讨新的模式也是住居学的研究课题之一。生活是多样的，设计方案也不应是固定模式。住居如何适应变化的形式是住居学研究的永久课题。

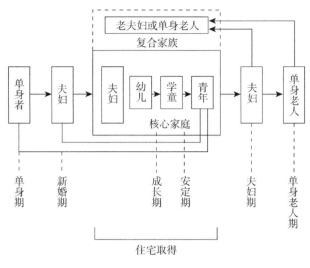

图1-4 生命周期

(来源：参考文献 [15]，53 页)

在上述种种社会变化中，余暇的形态、家庭关系、邻里社会、社区结构都会随之发生变化。住居该如何考虑？生活是动态的，住宅不像人类那样可以自由地弹性地适应变化。居住者的要求不断发展，一种住宅模式只是"矛盾的暂时统一"。在生活变化激烈的时代，住宅不仅不能适应生活，反而会制约生活，这种制约超过了一定的限度，居住者就会对其外壳——生活容器进行改造，住居总是滞后于生活变化的。这个演变过程表明住宅是家庭生活的空间表现，因此住宅设计对生活的研究是十分必要的。

第三节 住居学研究方法——居住生活文化史

我国住宅史研究的田野贫瘠，存在不少空白点。这不仅仅是历史资料欠缺，文化史书籍空疏的原因，也与观察角度和研究领域的局限性有关，关键是没有掌握一个好的研究方法。

一、研究视角

住宅设计创作的源泉主要是来自生活，古代居住建筑创作的依据是古代生活，是建立在古代生产力基础上的古代技术与材料的水平上。生活（广义）是创作的源泉，因此生活史的研究是一个不可或缺的视角，因为历史视野以一种比较的方式向过去铺陈开来，有助于对现代生活的理解。生活是每个生命的事情本相，是历史的真实文本，把生活研究作为切入点，其深入方式虽与功能主义不同，但最终是在空间上解决功能问题。

居住生活属于文化系的活动，有很深的内涵和外延。文化的多元性，决定了住居的多样性和多相性，古今中外可以说没有同铸一型的史迹。文化是一般民俗的过往生活经验以及他们日常活生生的奋斗过程，而不是封尘在历史博物馆中的文物。日常生活的吉光片羽，过往的生活资料，成为文本背后的鲜活的传统习俗，民间叙事生命树，气韵生动的民族生活世象是文化根柢。因此生活研究不像自然科学那样求同，不受因果律的支配，不能使用归纳法。

在研究中应该考虑对住宅产生影响的因子，例如风土（地形、气候、植被、土质、地质、水系等），生业（工业、农业、牧业等其他经济活动），制度（各时代对住宅规模、标准的阶级限定等、住宅制度、等级制度），外来文化的影响等因素。信息阶层的流向一般有着上层向下层的流动趋势，而且上层阶层的建筑由于建材规格高，得以保存，以贵族生活推测平民生活，不失为一个研究角度。

同时，对居住文化的研究不能忽略对非物质文化遗产的考察，特别是中国是大陆国家，以农立国，农业一开始就有宗教成分，宗教在建筑地域性、民族性中占有重要的位置。春祈秋尝的祭祀仪式，年节更替之时周而复始地再现、年复一年的重复，世代传诵。林林总总的宗教仪式，仪式化、典礼化是一种信仰使然，从皇家的庆典仪式、社稷大事到民间祭祖的仪式程序、生活礼仪、传统节日、饮宴娱乐，都是历史的根谱。仪式忠诚地从远古继承下来，意味深长，象征了权威和秩序，行进中展开的序列，有前奏、对比、高潮，层次分明，从中可以引申出规律、传统、准则。

此外居住观——生死观、宇宙观、价值观等抽象的意识形态的东西对住宅也有着根深蒂固的影响。

二、研究方法

日本在住宅研究上有一个显著的特点，就是注重对生活的研究。本节从史学方法论的角度，通过对相关论文的研读，将可资借鉴和参考的研究方法进行梳理和归纳。

居住生活研究投射的坐标是以时间轴——历史演变为经，以空间轴——世界各地民居为纬。时间轴：中国历史具有漫长的跨度，绵长的传统，中国文化是一片广大而肥沃的园地，离开了传统这一主题，现代化就无所附丽，现在之所以存在，是因为建立在历史延续的基础上的，应全面多方位地理解历史。要达到物质生活和精神生活的真正丰富，应该是历史文化和现代文明的综合。空间轴：在文化间视野中对住居进行阐释和界定，各文化传统之间有着天然的文化差异性，根据国别研究历史是习见的做法。

要研究历史首先要有史料，对史料的认识和使用是史学的关键。居住史的研究具有它本身独特的视点和特色。

1. 文献史料

解读过去鲜为人知的居住生活，只能使用各种资料去推测。生活是动态的，随着历史不断的变化，不可能有原封不动流传下来的住居，在日本最早的住宅只剩下奈良时代的法隆寺①东院的传法堂②，弥留珍贵，但是在江户时代也改造过，不可能原样使用。那以后就跳到14世纪东福寺方丈庵③，也不是纯粹的住宅。真正的住宅遗存最早的要数1486年

---

① 公元607年圣德太子开创，现存世界最古的木造建筑，以飞鸟样式的金堂、五重塔为中心的西院和以天平样式的梦殿为中心的东院组成。

② 根据法隆寺资产账的记录得知是圣武天皇的夫人橘古那古智捐献了一栋住宅作为讲堂的。

③ 东福寺派大本山，公元1236年创建，禅宗寺院，方丈庵，一丈见方，4张半榻榻米大小，长老、主持的居所。

的东求堂①，一般平民的住居残存情况更糟，遗物大量残存是 18 世纪以后。

住居是为家族而存在的，家族构成不同住居也不同。了解家族构成与住居的对应关系是考察居住生活研究的焦点，考察内容应尽可能描述住居内的家族生活。

原始时代，有血缘的最小单位不一定是一个住居，而是复数的住居构成的聚落，都不是独立存在的，由 10~30 户组成，因此要以聚落为研究对象，从聚落的构成也能类推当时人们的生活。研究聚落人口构成、居住人数，男女构成的比例、大人和儿童的比例、迄今文化人类学和民族学都从各个角度提出过见地。

由于建筑材料的局限，以及士人阶层对劳动人民的鄙视，平民住居遗存匮乏，见之于文献的建筑实例记述也凤毛麟角，了解家族构成的线索荡然无存。在日本对古代家族构成的研究可以仰赖的史料只有正仓院②留下的奈良时代（公元 710~784 年）的户籍。因此解读历史依赖文献有着很大的局限性，尤其是普通平民的住宅无文献可考，只有期待考古发掘成果的补充。

2. 考古史料

（1）遗迹

考古遗迹是过去人类生活的凝结和定格，包含了当时人类行为和自然环境的方方面面。过去的形象一般会使现代的秩序合法化，这是一条暗示的规则。

近年来由于发掘技术迅速进步，发掘成果颇丰。在考古的成果下再现了历史，但是仅依据发掘和文献还是无法知晓其中的生活。依据发掘的出土文物可以对当时的生活进行考证，从一些壁画、平面图、遗物中可以推测那个时代的居住生活，了解和复原日常生活内幕。复原是建筑史学研究的一个重要领域。除了整体观察住居外，还要抓住其中主要的建筑，从而了解其中的生活。即使是原始穴居，开始只是中央有个炉膛用于取暖、炊事以及照明，后来改为炉灶。炉灶在住居室内充当着很重要的角色，以它为中心形成的区域，常常是女性生活空间范围，独特的炉灶位置关系，表现出家族的性质。考证炉与灶的关系，也可以找到生活的线索，推定空间使用的方式。

另外古代坟墓的形制起初模仿住宅，依据现实生活想象彼岸生活，往往模仿死者生前住居形态，或设想死后理想居所。依据某个时代的坟墓——地下住居也可以推断住居的时段性特征。

（2）遗物

古代的殉葬品——明器、画像砖做成或绘出住屋的形象，都是当时上层阶级的住居形态，由此可以推断居室、附属房屋、厨房、仓廪等构成。有的还刻画有当时人物的形象，作为建筑尺度的参照物。日本古坟时代（3 世纪末~7 世纪）的家型埴轮③、家屋文镜④、刀剑的束饰等都刻有房屋的图案，还有记载文字的木简等都是考证住居历史的珍贵史料。

---

① 京都市银阁寺中足利义政的持佛堂。

② 位于奈良东大寺大佛殿西北，木造的大仓库，藏有圣武天皇的遗物、东大寺的宝物、文书等公元 7~8 世纪的东洋文化。

③ 古坟上面周围摆的土制品，有塑造家屋的器具，始于弥生土器，祭祀用的器台。

④ 奈良盆地西南部佐味田宝塚古坟出土的铜制镜。4 世纪前半制作，背面以钮为中心四周是结构不同的四种类型的房屋和鸟的图像。

1）家具、生活道具。发掘的不仅是建筑遗迹，还有许多生活用具，这些对居住生活的考察很有帮助。对生活基本的生产力——工具、生活用具的研究也是生活史研究的重要切入点，它有着物质的层面，如实地反映民族文化独有的性质，构成必要的特征，反映复杂的自然环境，地域差别等文化差异，以及历史性、时代性。对生活用具的研究还包括考古资料。

例如日本一乘谷遗迹①的发掘不仅有建筑遗迹，还有许多生活用品，对居住生活的考察很有帮助。通过对与饮食有关的碗、盘、托盘等餐具的组合，复原和推定贵族家庭的宴会场景，从而可以了解当时的饮食生活以及餐厅的构成要素。实际生活用具应多于发掘数，至少有一个基本的量化概念。厨房的餐具一应俱全，可以复原厨房的内部构成；花瓶、香炉，云母片等发掘对研究"床之间"②的装饰有着参考的价值；灯具、暖炉等有关的用具，说明了居住生活质量；象棋、茶道用具、生花、插花等花道的娱乐用品，佐证了武士奢华生活的文献纪录。

2）博物馆藏史料、建筑模型。丰富的矿藏——博物馆是学术资源，博物馆内的住宅模型、出土的房屋模型虽不是实物，但在史料的批评下可以用于考察。依据博物馆所藏的平面图、房契、地契等史料可以了解住居规模、空间的划分、住宅内部的男性领域和女性领域、住房与入口、道路的关系。

3. 文学史料

史料分直接史料和间接史料，文学史料可以作为间接史料来使用。文学与建筑有着十分密切的关系，不仅因为建筑和文学在美学上有着许多相通之处，还因为建筑往往是文学家观察与描写的对象，是文学作品展现情节与铺陈故事的背景和空间。考虑小说的局限，阅读文学作品，可以了解比真实记录的史料更多的更生动的日常生活场景，文学描写了正史不记载的日常生活行为，成为类推当时生活的线索材料。

（1）小说

卑微的小说可以补正史的不足。历史无法企及小说的生动和引人入胜，历史话语是闭合的，并非有文必录。研究生活要以真实的历史材料为依据。

例如日本作家夏目漱石的小说《我辈是猫》③ 就是一个典型的例子，作者在作品中详细描绘了主人公的居所，根据文本的描述可以勾勒出住宅的平面图，复原主人公当时的生活空间。《落窪物语》④ 中过世的主人公落窪的老家是寝殿造⑤，父亲和继母居住在寝殿，长女和女婿住在东对，次女夫妇住在西对。寝殿造的居者的关系是母系，用母系家族系统可以说明寝殿造的空间构成，寝殿是宅子的所有者女性的住居，按照这个系统就会理解中央有一栋寝殿，其东西北建造复数对屋的理由。

---

① 位于福井市足羽河支流一乘谷河的山谷，越前战国大名朝仓氏的城馆所在地，1573 年受到织田信长的攻击沦为废墟，近年来发掘复原，弄清了居馆、庭院、家臣宅邸、手艺人及工匠的住房等整体情况。

② 在住宅室内半间高于地板 0.9m，正面墙上挂有书画，在上面装饰艺术品、花瓶等，是日本人精神休息的场所。

③ 小说家，1900 年英国留学，归国后任东京大学讲师，1905 年完成《我辈是猫》的名作，享誉文坛。小说以先生的猫为主人公，采用拟人的手法写出猫眼看到的社会，富有讽刺意味。

④ 平安初期（10 世纪末）的作品，作者不详。

⑤ 平安时代贵族的住宅形式，基本构成是中央朝南为寝殿，左右背后设对屋，寝殿和对屋用廊（渡廊）联络，寝殿隔着南庭建水池和小岛，面临水池是钓殿。

　　紫式部的《源氏物语》① 详细描写了寝殿造的生活和使用方法，根据其中的描写复原的"六条院"生动地将寝殿造展现在现代人的面前。

　　（2）日记

　　日记中记录着仪式等行进过程，是重要的史料，这些东西大部分是表面发生的事情，日记可以描写到内部日常生活，探索日常生活的线索。

　　例如《阳炎日记》② 的作者描写了住在父母家的场景，父亲是高官，住房是寝殿造，虽然没有明确交代各房间的称谓，但是根据描述可以推定，日记记述了正式场合的仪式，得知举行仪式活动的男性是主角，而女性是住宅的主人，结婚的男性倒插门，在空间上印证了"男阳女阴"、"南阳北阴"、"外阳内阴"等空间特性。

　　通过文学史料可以了解居住观：通过文学作品可以了解居住观，例如鸭长明的《方丈记》③ 体现了作者的审美意识，"家"是凡俗的居住空间，对此"庵"是脱俗的居住空间、精神的空间（具象化），假设的建筑，强调精神的自由，是山间的雅宅、草庵的思想。

　　《方丈记》以具体尺寸表现语言象征，并通过具体的物理描写，在日本文学连续的心像中将物的空间图式化了。而兼好法师④ 的自我表现，用自然朴素的空间表现了简素美，他认为不完全的东西是好的，强调假设性。

　　日本人的住居观是十分超然的，即建筑的非永恒观，不像中国和欧美的居住文化那样把住居看作是生存的基盘。在日本的传统意识中，住宅一般被认为是临时的，用兼好法师的话说：住居只是人生旅途上的客栈，人暂栖在世界上，理想的住居应是素朴的、简洁的，对住居不过分奢求被视为美德。

　　有的学者用量化分析的手法对《枕草子》⑤、《徒然草》⑥ 进行剖析也是手法之一，将建筑及城市空间的专业术语抽出来，进行数据排比，依据建筑要素和文脉要素两个轴心分类，出现频度高的词汇，例如家、道路、家具，以及对内部空间的描述、阐述空间美学和空间论，按照行为舞台、行为对象、美的对象的分类对号入座，最后得出结论：《枕草子》空间为华丽、清新、纤细，而《徒然草》空间为简素、品位、和谐、不完全。

　　但文学史料有着局限性：文学中表现的是某社会潜意识或无意识空间，文学不表达建筑物理空间，对细部描述的舍象和沉默是文学空间的本质，取而代之的是空间的文化心情、文脉的富饶表现。小说中描写人的行为与场所的重叠，是行为场所的粗描，文学登场的不是那个时代和社会的实空间，而是虚构的，是人与人的心像风景，不能作为推定社会实空间的史料。

---

　　① 平安中期长篇小说，紫式部之作，以宫廷生活为中心描写平安前、中期社会状况和寝殿造内部的生活场景。

　　② 右大将藤原道纲的母亲自传式日记（954年），描述了与丈夫婚后的生活。

　　③ 镰仓初期（1212年）随笔，鸭长明著，以佛教的无常观为基调，据理说明人生的无常，最后隐居田野上的方丈庵仙居，过着简洁、清新的生活。

　　④ 镰仓末期的诗人（1283～1352年）。

　　⑤ 平安中期的随笔，清少纳言著，描写外面的事物，情意生活、四季的情趣、人声等，随想见闻，写实，与源氏物语称为平安文学的双璧。

　　⑥ 作者兼好法师，镰仓时代的随笔，从出家前1310年开始断断续续写了31年。

4. 绘画史料

绘画史料包括画卷、屏风、浮世绘①、插图等，较文学记载有更多的信息量，将住居具体的形态与生活一起传达给读者，因此很贵重，是生活史料的宝库。

迄今为止，人们认为画卷等绘画史料描绘的信息在建筑史的研究上相当重要，特别是住居从过去到现在反复拆建，遗物的残存状况不好。事实上在建筑历史书籍的绘画上登场最多的是住宅史部分，立体地表现16世纪以前的住宅只有依靠绘画。

在16世纪以前没有照片、电影等表现手法，作为记录的手段就是绘画，将故事图画化，作为视觉信息传递手段，为贵族社会和武士社会所喜用。现在美术馆收藏的绘画史料以及庞大的研究成果，是综合表达当时社会和人类生活的贵重史料，绘画史料表现了文献史料、考古史料、发掘史料难以厘清的人类活动的具体状况。

绘画是可视的，与视觉有关，考察城市景观、实际存在的东西，画师记录下来，排除虚构的、暧昧的、人类潜在的意识空间。

画师描绘的东西有说明式的描绘，绘画不一定是直接的生活，但是绘画传达了文字传达不到的东西，有文字代替不了的功能，有说明历史形象的功能，有史料的辅助作用。

绘画有着资料性价值，有些建筑师认为再现平面图更为重要，绘画可以作为考古学的资料，复原建筑的参考依据。因此绘画作为建筑复原的辅助资料有着不可多得的参考价值。

写文章只能传达当时的背景和气氛，而绘画，当登场人物走到街上时，作为背景的街景以及行人的日常行为一起被画师描绘了，当然画师并不见得真到过那条街道，凭借自己的体验和印象，将过去的情景作为当时的题材的很多，但是知道了所描绘的内容，就是非常好的史料，特别是厨房、寝室、浴室这些私密度高的场所的情形只有在画卷上才能看到。

（1）画卷

画卷多描写仪式庆典的场面、光景，以及街道的风景，例如哥川平国的作品"绘本时式妆"②有的表现了街道的生活，有的表现了房屋的构件、门窗、屋顶、结构，以及厨房、水井、里弄等公共场所，下水、洗涤池、垃圾堆放处、晒衣等设施。例如画卷"春日权现验记"描绘了奈良平民的家，其中传达了厨房的景象，另外川原庆贺19世纪的风俗画描写了长崎町家的厨房。

还可以通过室内装饰、家居布置、方位，房屋的布置与入口、道路的关系考证家规与空间的关系。例如日本的榻榻米在寝殿造上具有很强的坐具功能，镰仓时代（1333年）的"蒙古袭来绘词"③上的榻榻米是在屋四周铺了一圈，而1309年的"春日权现灵验记绘"④上的榻榻米只是在睡卧的地方铺，同时还绘有搬送榻榻米的场景，说明当时的榻榻

①　江户时代发达的大众风俗画的一个流派，特别是版画展现了独特的美。桃山时代至江户时代初期流行的风俗画。以美人画为母胎，17世纪后半确立了版本插图的样式基础并迎来了黄金期。19世纪后半叶对欧洲产生影响。

②　浮世绘师（1769～1825年）。

③　记录肥后的家人奋战的画卷，其中真实地反映了武士住宅的场景。

④　14世纪初的作品，刻画了镰仓时代贵族和平民住宅，形成生动的生活对比，是了解中世各阶层居住生活的不可多得的绘画史料。

米像椅子垫一样不是固定的，由此可以考察榻榻米的铺设历史。"慕归绘词"① 1351 年描绘的 "床之间" 的形象是在佛画前有一张桌子，而 130 年后描绘的 "床之间" 已经是固定在房间内，由此得知，"床之间" 在室町时代由可动的变成固定的历史变迁过程。

（2）屏风

日本的传统屏风描绘一年 12 个月按照惯例举行的仪式活动，有的还描绘有正月的门松（门前装饰），五月的武者人形②等，由此得知当时人们四季生活的装饰习惯。

从 "洛中洛外屏风"③ 可以看到武士阶层的家庭迎接客人的规矩、方式，客人与主人身份的对应关系，相关人员占据空间的位置，根据身份不同空间使用的方法也不同。通过考察得出武士家庭空间的格局是以接待客人为中心的，即所谓 "接客本位"④ 的结论。

此外还可以了解日常生活和接待客人时房间的使用方式、构成要素、基调、格序，从而找出它的构成原理。不仅了解硬件的本身，包括构成、材料、样式，而且考察其使用方法，弄清起源和脉络。

例如座敷饰⑤在定型前其构成要素的组合和布置都比较自由，成立后严守规范，定型后失去了各要素的原初功能，只是变成了一种装饰。因而可以认为日本文化在初期时比较自由，定型后就很少变化，失去特色，例如茶道、木工世界的 "木割"⑥ 也是一样。

随着时代的推移，关于生活的记录多起来，家族如何使用空间包括如何就座，如何接待客人，甚至房间的朝向，床的摆设都记录得很清楚。

日本在神社建筑的研究上经常使用绘画作为史料，因为古神社的遗迹不多，想知道古代情况只有依靠它，但研究不会总是停留在复原上。现在保留下来的 6 世纪的建筑都是寺庙建筑。寺庙的使用方法虽然不是普通人的生活，却是来自生活的。历史上有着 "舍宅为寺"⑦ 的时代，许多贵族阶层的人将自己的住宅捐献给了寺庙，使宗教建筑具有更多的世俗性，成为僧侣们修身反省的场所，而不仅仅是举行宗教仪式的活动场地，因此至少表示在当时 "宅空间" 和 "寺空间" 的通用性。

此外通过绘画可以了解住宅制度、等级关系、门第关系及规制、制约，以及俸禄（石高)⑧ 的关系，通过门的形式、方位等，还可以了解建筑材料、建筑细部节点以及施工手法等。

通过历史比较，按照时间顺序，相似平面的推断，平面变迁的整理，可以看出住居的成立过程、历史变迁的轨迹，并且可以与文字描写相印证，考察时代细微变化以及时代特色。

局限性：

1）将绘画作为史料来用并不容易，首先古代、近代、现代社会状况完全不同，不能

---

① 记录了本愿寺 3 世纪觉如传记的画卷，1351 年觉如的儿子刻，1482 年补作，西本原寺藏。
② 男孩节装饰的洋娃娃。
③ 画有都市和郊外名所，生活风俗画，室町后期主要是发展屏风画。
④ 作为基础的标准，成为中心。
⑤ 主室以 "床"（Shallow decorative alcove 壁龛）为中心，设有 "违棚"（Decoration shelves 有错层的柜）、"付书院"（Built in table 固定桌台）、"帐台构"（Bedroom of a farmhouse 储藏室入口形式），组成 "座敷饰"（Shoin decoration 书院饰）。
⑥ 日本木构建筑的一种模数，建筑物各部位木材的大小平均尺寸。
⑦ 佛教盛行时期，贵族、富人将自己的住宅捐献给寺庙的行为。
⑧ 日本近世规定土地的产值用稻子的量表示。

单纯去比较。

2）复杂多歧，不能从个别专业角度断章取义，支离破碎地去使用，应当看到绘画史料的局限性，对描写的内容正确把握、在史料批评下慎重地去用。

3）画卷不一定是完全按照实物忠实地描绘下来的，也会有省略的部分，因此绘画表现手法与实物之间有差别。

4）当时绘画是以已经存在的建筑为模式，可以原则上认为绘画上的建筑的建造年代比题材更古。

综上所述，居住生活的研究需要多学科（人类文化学、民族学、民俗学、空间人类学、动物行动学、社会领域学）的交叉和支持，迄今的建筑学只耕耘自己的田地，在文化研究上显出不可救药的局限性和单一性，居住文化的研究应该走出建筑学的既有框架，打破学科之间的隔阂，开拓新的研究疆域，更新和拓展新的方法与视野，多种维度地体味生活空间。不以学术为壁垒是学科成熟的标志，从学术互动角度进行学科知识的建构，拯救单一学科平面化倾向，以开阔的人文视角，彼此对比彰显相对可靠的历史真实，体现多歧互渗的时代特色，展现多元化的研究路径。居住生活史研究是关乎人类生活，有生命力的学术领域。

第二章 风土文化与住居

第一节 风土与住居的理论

本章基于地域生态条件下住居体系的视点，来探讨优秀住居遗产是如何使用地域材料，如何适用环境的手法以及产生住居多样性的土壤，以及多样性的住居是否有共同性，是否能按照风土进行分类等学术问题。

世界上存在着各种各样的住居形式，有的学者认为传统的聚落、住居是自然产生的。然而共同体（村落、村社）存在了几百年、几千年的事实，证明了其内部存在着巧妙的社会体系和有效合理的机能，即自然环境与居住方式的对应关系（风土论与居住方式）和社会环境与居住方式的相关性（共同体与居住方式）。因地而异的建筑是在漫长的历史过程中形成的，是先人在与自然的相处中总结出来的，其形成的过程是历史，形成的结果是文化，而历史、文化的基础就是风土。风土不仅是指外界条件的"自然的风土"，而且包括生活习惯等"人文的风土"。

一、和辻哲郎的风土论

在论述住居形式的多样性时，往往要阐述住居与风土的关系。所谓风土是包括地形、气候、植被、土质、地质、水系等诸多自然环境在内的综合概念。由风土决定的居住形式，即所谓的风土论最早见于日本哲学家和辻哲郎的著作《风土》一书，该著作为我们展示了其理论框架的深度和广度。

和辻哲郎作为日本文部省的驻外研究员，1927年2月开始了以欧洲为目的地的旅行。当时的交通只有海路，他乘坐从神户出发的白山丸（船名）途经门司、上海、香港、新加坡、马来西亚、科伦坡①、亚丁、苏伊士等地，最后从苏伊士运河进入地中海，经过开罗到达最终目的港——马赛，沿欧亚大陆的南侧西下进行了40天的航海旅行。在每一个港口停泊处都让他感慨万千的是古代先人的思维与气候的强烈关系。

他所经历的航路从湿润的季风性气候到干燥的沙漠性气候，最后到达温暖的地中海，体验了干、湿所有的气候环境。他亲身体验了印度洋防湿比防暑更困难的情形以及雅典寸草不生的岩石山，深有感触，这一切坐在桌前是想像不出来的。通过这些艰辛的经历，他领略了当地土著人的气质与风土的相关性：叙利亚的春天即将过去时，南意大利才依稀看到绿荫，而且与印度、埃及看到的绿色色相是完全不同的，就连岩石缝中长出的绿草也和平地的一样茂盛。正像他记述的那样："像冬草一样柔和，可以裸身躺在上面。"于是他们

---

① 斯里兰卡首都，印度洋的主要港口。

印证了一个事实，欧洲没有杂草。在得到这个事实的同时，他悟出一个真理："风土是人类自我认识的方式。"

二、意识形态的风土

和辻哲郎从"风土性是人类生存结构的契机"的观点出发，对航海中体验的各种风土以及居住在那里的民族特征进行了分析，归纳出三种类型：在湿润的风土中居住的人是能"容忍顺从"的季风型；在干燥风土中居住的人是富有"对抗性、战斗性"的沙漠型；而在湿润和干燥混合风土中居住的人是追求"合理性"的牧场型。"人类自我认识的方式"这一风土概念，与单纯的自然环境不同，具有时空的结构，可以将风土看作文艺、美术、宗教、风俗等所有人类生活的表现。从这个观点出发，考证各民族的居住方式，就会发现住居的样式决定了建造方法，这个方法的确立与风土不无关系，结论是固定的建造方式就是人们自我认识的表现。考察文化的根基需要追溯到民族的历史之始，而人类历史愈在初期愈受自然的左右，其民族特征也必然受所居住的土地制约。风土是人类抵御外界自然而形成的生活习惯及民族精神的烙印，因此也成为人类自我了解的一个契机。

他在有关中国的记述中写道："只要与风土有关，直觉是非常重要的"，对这样复杂世界现象的理解，从实际体验上升到感性的直觉力是十分有效的。

所谓"自我认识的方式"的风土性应解释为针对包括时间、空间在内的世界，通过把自己放在相对的立场上而获得认知的方式。他在有关沙漠的记述中写道："人类的自觉是通过对异例的认识获得的，生活在沙漠中的人认识到必须把自己放在霖雨中才会最有效，这是从非沙漠人作为旅行者体验了沙漠生活后得到证实的。在沙漠中意识到自己在社会现实中是如何不适应沙漠，这种感悟只有通过对沙漠的体验才有可能获得。"就是说要认识自己的特殊性就要与其他风土进行比较。

和辻哲郎有着可以看到意识形态的慧眼，风土论是他把在各口岸登陆的有限时间里所见到的各种文化现象的系统整理，现在读起来仍具新鲜感，原因是他的论述背景有着很广博的素养和深层的思考。

三、风土的实态

文化不同于文明，它扎根于该民族固有的本质特性之中，一个民族自古以来所积淀的一定的生活方式或传统观念，这种文化创造与外界自然有着密切关系。

和辻哲郎所论述的风土是意识形态的风土，多是观念上的东西，比现实中聚落空间类型化的风土复杂得多，而且有着多样性。的确，风土是决定聚落和住居样式极为重要的因素。但并不是决定一切的因素，还是有相当的弹性。在构思住居时，风土限定了可以使用的乡土材料，规定了必要的环境性能，但这仅仅是必要条件，绝不是充分条件。在这样的状况下，满足必要条件的答案不一定是惟一的，可能同时存在几种可能性，如果风土是住居形式的惟一决定因子，那么某种风土必然存在着适应它的最佳方案，其地区所有的住居都自然按照这个标准建造房屋。然而，现实中同一个地区不同形式的住居并存的例子很多，而在并非相同风土的、相隔遥远的地区也有极类似的住居形式出现，甚至也有以风土为基调来考虑住居形式但居住性很差的例子。把这些现象归纳起来有以下两种形式：

1）同一风土有不同的居住样式并存；

2）不同的风土存在类似的居住样式；

这是对单纯的风土论有力的挑战。

1. 同一地域多种住居样式并存的例子

从地板的高度来看，是普通标高的地床式，还是抬高了的高床式，不仅是结构的制约条件，而且其生成的空间环境性能、地板上与地板下的空间意义完全不同。印尼的风土由横跨龙目岛海峡至望加锡海峡的华莱士线分成东边的奥斯特洛地区和西边的印度马来地区。龙目岛属于东侧地区，这个岛居住的萨萨克族的住居沿着丘陵的坡度呈3层阶梯状构成，是地床式。采用高床式的只有吊钟式样的米仓（图2-1）。

与此相对的，位于偏东的华莱士岛的住居以高床式的住居为主流，其中也有像阿罗尔岛的阿布伊族（Abui）那样的高床式4层住居（图3-56）。这些岛屿除了根据信风[①]的强弱，在干燥程度上有一些差异外，是极相似的气候条件，然而住宅的形态和平面构成完全不同。

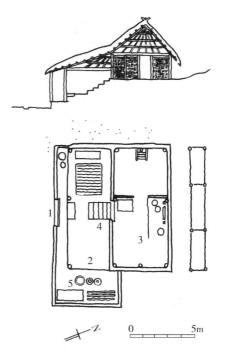

图2-1　龙目岛萨萨克族（印尼）
的住居平面、剖面

1—入口；2—客厅兼次卧室；
3—主卧室；4—楼梯；5—厨房
（来源：参考文献［8］，7页）

同一地域不同住宅形态并存的更典型的例子是由西班牙安达鲁西亚地方的穴居——库耶巴斯（Cuevas[②]，图2-2）。在西班牙，相对于库耶巴斯，一般带有中庭的地上住宅形式称作"卡萨"（Casa）。

世界上的穴居遍布各地，例如中国黄土地带的窑洞、几内亚的马托马塔、土耳其的卡帕多西亚、西班牙大规模的地下社区等，现在世界上仍有数百万人居住在穴居中。

穴居的成立也需要条件，最重要的是气候干燥。多雨湿润的地区，因水面高而无法在地下居住。还有土质要有适当的硬度，太硬挖不动，太软易塌陷，硬度适中的土的垂直坡面不会崩塌。此外，合适的建筑材料难以获得，也是建造穴居的背景。穴居有阴暗潮湿的问题，但住居内部涂白的墙壁反射光线，格外明亮，土的隔热性能好，地下终年温度变化小，因此是冬暖夏凉的住居，可以说从居住环境角度上是极合理的形式。但是，即便满足了以上的条件，也不见得一定要建穴居。库耶巴斯是有着不得已的历史，它位于离城镇很远的崖地，旁边是带有庭院的房屋，从远处望去，其社会阶层性一目了然，差别性显而易见。居住在库耶巴斯的居民据说是来自吉卜赛，不了解这个背景就很难理解库耶巴斯的文化。

---

① 也叫贸易风，随季节而来的方向固定的风。

② Cuevas，西班牙语，洞窟的意思。

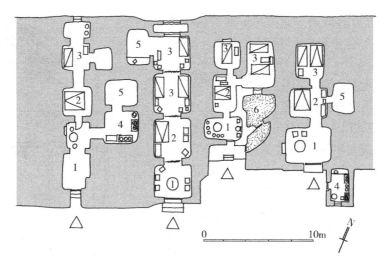

图2-2　西班牙的穴住居平面

1—客厅；2—卧室；3—儿童室；4—厨房；5—仓库；6—家畜

（来源：参考文献［8］，9页）

2. 类似的住居形式散见在不同地区的例子

带有中庭的住居分布在世界各地。从近东到马格里布，伊斯兰文化圈的口字形住居，作为城市型、田园型住居获得广泛使用。中庭型住居在低层高密度的均质居住环境中是不可缺少的，其优势：

1）对外部封闭，而内部可以面对中庭布置开放的房间，又有防御性，是私密性高的住居；

2）可以借助中庭采光、通风，白天任何一个时间段都确保中庭有阴凉的地方；

3）通过将中庭的角度倾斜的手法可以获得较高的得房率；

4）可以规划迷宫状的通路，在防御上有优势。

由于以上的优势，这种住居形式在伊斯兰国家旧城区里被广泛采用（图2-3）。

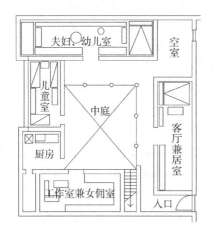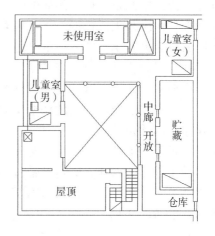

图2-3　摩纳哥口字形住居平面

（来源：参考文献［8］，11页）

印度雅利安人住居是围合型的，中央的中庭称为"安纲"，住居内部把中庭作为缓冲领域，外面为男性领域，里面为女性领域，这样中庭在按照性别划分领域中发挥了功能。

中庭形式在东南亚广泛分布，中国汉族的四合院有称为"院子"的矩形缓冲空间，沿着中轴线围着中庭北面布置正房，东西面为厢房，南面为倒座，院子通过中门——垂花门进一步分成前院、内院。前院为共用的，内院为私用的，以中庭为界区分公与私的领域。在韩国，中庭称作"马丹"，住居深受儒教的影响，男女严格隔离。以中庭为界，前面的建筑为男栋（萨兰奇），后面的建筑为女栋（安启），这也和印度一样，中庭依照性别成为隔离的媒介（图2-4）。

平安时代后期兴起的日本城市住宅町屋①也有着略微变形的中庭，町屋是小面宽大进深的细长的宅基地，内部的小院子称为坪庭②，将风和光引入内部，同时营造出自然袖珍庭院的气氛（图2-5）。

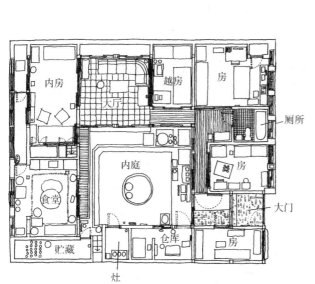

图2-4 韩国马丹（中庭）住居平面
（来源：参考文献［8］，189页）

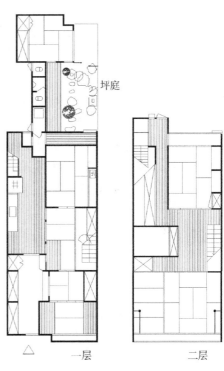

图2-5 日本町家坪庭（中庭）住居平面
（来源：参考文献［8］，13页）

集合住宅的中庭有趣的是摩洛哥古里穆特的光庭和中国客家的土楼天井（图2-6），都是将光和风引入巨大的建筑物的内侧，给予内部以开放感，外部极为封闭、四周砌有要塞式的坚固围墙。

综上所述，中庭式作为一种住居形式在世界各地广泛分布，形态各异，其功能强烈依赖于

---

① 经商的住宅，Town house。

② 小型内庭，其面积只有 2~3m²，日本的面积计算单位 1 坪约 3.5m²，故称为坪庭。

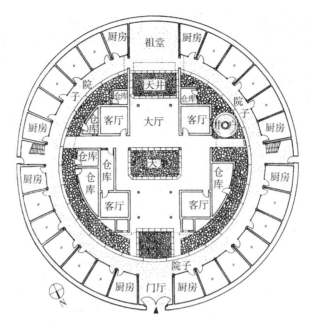

图 2-6　福建客家土楼住居平面

（来源：参考文献 [16], 207 页）

地域的风土。同样分布在世界各地的住居形式也各种各样，这表明了共有的空间概念是超越地域、民族、部族而存在的。因此世界史理应给不同风土的各国民族留出他们各自的位置。

<h1 style="text-align:center">第二节　住居的起点</h1>

　　人类在长久的进化中，获得了各种能力，建造住居是其能力之一。180 万年前原始人诞生，作为生存战略，母亲和婴儿首先应有一个安全的场所，另外要把食物从发现的地方搬入居住场所。有了固定的居所提高了生存能力，加快了进化的过程。灵长类中有固定居所（Home-base）的只有人类。

　　人类最初的住居是常识性的，是简单的遮风避雨的掩体，或者利用自然界本身存在的洞穴和山崖，这与自然界动物没有多大区别，动物也有巧妙筑巢的，为了产卵、育儿、休息、睡眠。鸟类、昆虫类的巢十分精美，这种筑巢行为（Hest-building）与人类同样都是靠遗传基因传承下来的。

　　在法国发现的推定为 23 万年前的石头搭建的小屋住居遗址，以及 120 万年前的坦桑尼亚的 Olgnvai 峡谷就是掩体。

　　世界上有各种各样的生活，有仪态万千的住居。本节通过环太平洋地区的住居实例，思考古今中外住居与风土的关系，以及其他特征，探究住居的起点。

一、适应气候条件的建筑材料和建筑形态

　　与所有高级动物筑巢一样，人类的祖先需要建造自己的生活据点——住居，住居所要求的功能是保护家人和生活不受恶劣气候的影响，以及外敌的侵害，它是家族、财产、食物的掩体。

地球上存在着各种各样的气候，所处的地域环境不同，对防御气候的要求也不同，最终表现为住居形式上的差异。

日本学者通过对不同气候带的植物形态与住居形态的比较发现：适应气候条件的植物形状与住居有着微妙的共性。

在使用玻璃、铁、混凝土等工业材料之前建筑材料主要是使用动物材料和生物材料：动物的材料（骨头、粪、毛、皮、贝）；生物材料：草木（草、椰子、竹、苇）、木材（树皮、根）、土（黏土、石头、岩石、土坯、砖）。

一般认为，人类祖先的穴居是横穴式的，但在迄今众所周知的人类文化发祥地和原始人骨的发掘地中并没有发现风土性天然洞穴的遗迹，而且很多地方并不具备开挖条件，由此推定先人多是用身边的材料做掩体的。

随着人类的进步，掩体逐渐进化为住居的形态，直到建筑材料作为商品广泛流通为止，住宅都是采用当地的材料建造的。由于气候条件不一样，自然的素材也不同，除了石头、土、草、木材等，还有人类二次加工的动物毛皮、布、砖、纸等，身边几乎所有的东西都可以用作建筑材料，其种类、花样极其丰富多彩。

建造住宅的材料不同，自然导致结构方式也不同，即便是气候条件相似、材料相同，住居的形态、居住的方式也不尽相同。

比如同样处于温带地区，光是木结构的住宅，就有梁柱式的、半露明式（英国）的，也有垒砌式的（匈牙利）。为什么有这些差别呢？究其原因，是源于地方生产资料和生活历史的不同，这就像人刚生下来即便气质、能力相差无几，但后天不同的成长过程就会塑造完全不同的人一样。

二、实例研究——住居的起点

实例1——美国的圆锥形帐篷（Tepee）

北美洲中部印第安人用的帐篷是用松树或杉树的圆木做成，便于游牧民族的移动。首先搭成的三脚架是其基本形，这是妇女的工作，不到30分钟就可以完成。以太阳升起的地方为神圣的方向，由于当地气候西风较强，因此出烟的"耳朵"（烟口）朝东是其特色，当时使用的帐篷材料是野牛皮。裙墙为双层，冬天保温性能好，夏天将外裙墙卷起以纳凉，夜晚从外面看不见室内的人影。为了不让圆木水滴流进内部，顶部做成倒三角上浮的形状，达到适用和美观的统一（图2-7）。

图2-7　美国锥形帐篷
（来源：参考文献 [11]，18页）

实例2——加拿大半地下住居

加拿大西部高原是卡利安族4000年前居住的地方。一般认为地层越深遗迹越古，但是发掘时发现地下生活痕迹比屋顶上的土还新，是适应冬季寒冷气候的住居（图2-8）。

因此，世界上的住居虽然各种各样，却有着以下共同目的：

1）是保护人类不受外敌、自然灾害侵害的掩体；

2）是繁衍、抚养后代以及家庭团聚的生活场所；

3）是修身养性、有趣味的工作场所；

4）表现居住者的住居观，生活观。

像实例1及实例2那样，古代先人顺应风土条件，巧取因借建造的住居很多，认识这些住居的价值，要追溯到住居的萌芽时期。

实例3——夏威夷的掩体

大约2000年前，来自南方的波利尼西亚人利用火山岛特有的天然掩体，开始居住在熔岩的缝隙以及洞窟中。利用树阴防暑，垒石防风，出挑雨篷以及大屋顶等手法，也许是世界共通的做法，这是人类最初版本的临时居所（图2-9）。

图2-8　加拿大半地下住居

（来源：参考文献［11］，18页维多利亚州立博物馆）

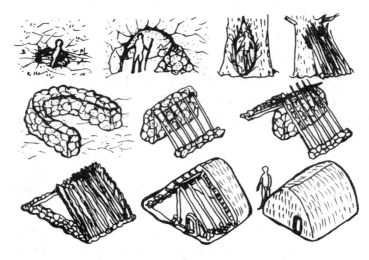

图2-9　夏威夷掩体

（来源：参考文献［11］，18页）

实例4——乌克兰的猛犸住居

1965年，在东欧附近的前苏联邦乌克兰共和国梅吉利奇村，发现了1万年前人类最古老的住居，位于地下2m深。当时正处于狩猎猛犸象的时代，使用猛犸的骨头、牙齿作建筑材料，屋顶覆盖猛犸兽皮（图2-10）。

实例5——撒哈林（桦太）冬季的住居和夏季的住居

在北方地区有根据季节更换住宅的习俗，

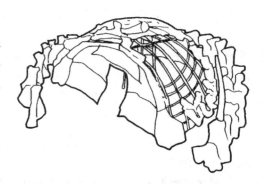

图2-10　乌克兰的猛犸住居

（来源：参考文献［11］，18页，日本列岛展，1972年）

就像现代人的别墅。阿依努人①冬天住的土屋是半地下的，入口朝向大海，天窗开在南侧。夏天的住居入口与海相对，设有"神窗"，由圆木和隔板组成，用松树的树皮覆盖，再压上防风的圆木。储藏鱼的仓库结构为井干式，有防鼠装置的地板高度与积雪的高度相对应。在西伯利亚有"立木为柱"的高床式，是名副其实的"生长住宅"（图2－11～图2－13）。

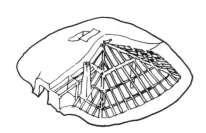  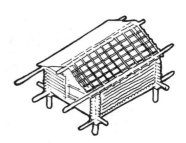

图2－11　撒哈林冬季的住居图　　图2－12　撒哈林夏季的住居　　图2－13　撒哈林的仓库
（来源：参考文献［11］，20页，　　（来源：参考文献［11］，20页，　　（来源：参考文献［11］，20页，
山本佑弘）　　　　　　　　　　　山本佑弘）　　　　　　　　　　　山本佑弘）

实例6——东西伯利亚的冬季的住居和夏季的住居

东西伯利亚的冬天最低气温达－40℃，夏天气温在20℃左右，当地克利亚克族居住的房屋夏天是高床式的，以应对冬季融雪后的冰水；冬天是半地下式的，帐篷入口是使用梯子从屋顶进入，屋顶使用毛皮覆盖（图2－14、图2－15）。

图2－14　东西伯利亚夏季的住居　　　　图2－15　东西伯利亚冬季的住居
（来源：参考文献［11］，20页，托卡列夫）　　（来源：参考文献［11］，21页，托卡列夫）

---

① 日本少数民族。

实例7——斯堪的纳维亚半岛的帐篷

斯坎的纳维亚人是狩猎鹿的游牧民，由于鹿在春天北上繁殖，在秋天南下越冬。斯坎的纳维亚人拥有夏天和冬天的移动帐篷，也有春秋由草覆盖的固定式帐篷。用圆木组成的拱形结构基本上使用木杆，由雪的重量压成弯曲形状的木头反而结实耐用，在当地广为使用（图2-16、图2-17）。

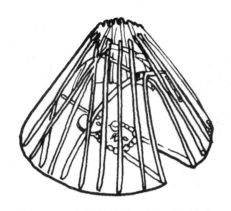

图2-16 斯堪的纳维亚半岛夏冬的家

（来源：参考文献[11]，21页，马恩卡）

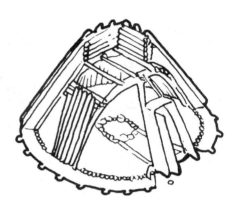

图2-17 斯堪的纳维亚半岛春秋的家

（来源：参考文献[11]，21页，马恩卡）

实例8——爱斯基摩人的雪屋

约4000年前从西伯利亚来的爱斯基摩人的雪屋，在阿拉斯加以西的加拿大北部，以及格陵兰岛以南广泛分布。在冰上、海岸、山地切开像冰一样坚固的雪，使用雪、流木[1]、土建造极地移动用雪屋。30分钟就可建成，入口朝南，有冬天用的迂回式的防风隧道。春天也可以居住，夏天架帐篷居住。内部组成四口人用的居住单元，还有共用的宽敞的舞厅，小厨房平面颇有创意，这种住居适用于狩猎、采集、游牧等生活方式（图2-18）。

从事农耕的农民以及捕鱼的渔民，由于生业的稳定性，其住居也是固定的，规模也较大。

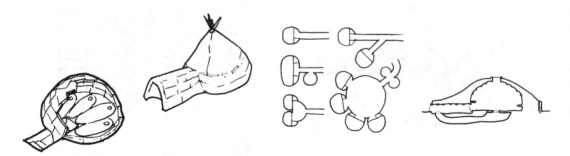

图2-18 爱斯基摩人的雪屋

（来源：参考文献[11]，21页，阿拉斯加介绍）

---

① 漂流的木材

实例9——美国的长屋（Long house）

根据复原16~18世纪访美的欧洲人留下的版画推定得知，北美东部印第安人的集合住宅是由圆木构成的圆形平面，是由毛皮、树皮、草帘子覆盖的鸟笼式结构。其中一栋内部两侧为睡棚，中间细长的空地上排列着炉子，每个炉子两边为一个家庭，每家八口人，由此考古学家可以根据炉子的遗迹推定村里的人数（图2-19）。

图2-19　美国的长屋

（来源：参考文献［11］，22页，白宫）

实例10——亚利桑那州的地下住居

美国科拉罗多大峡谷附近的高原，白天最高气温达40℃，夜晚气温在0℃以下，一天的温差变化剧烈，因此孕育了保温性能好的地下住居。据考证它是起源于2000年前的"前圆后方"的半地下住居。中期曾作为通向地下灵界的场所被样式化，到了后期，房屋全部用作庆典。从地上的梯子下去进入入口（图2-20）。

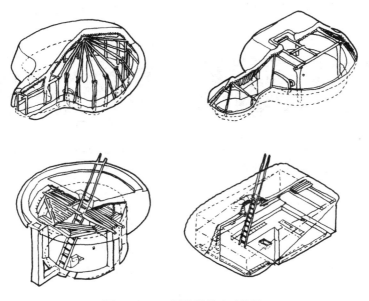

图2-20　亚利桑那州地下住居

（来源：参考文献［11］，23页）

实例11——捷克的集合住宅

900年前捷克人为防止狩猎部族的侵略而建造了高10m、长150m的集合住宅，全部为石头砌造，共4层，800个房间，古村寨人口1200人，其中有35户圆形的地下住居，从屋顶用梯子下到地下室里，是以防御为主的居住形态。这里最初是绿地丰富的田园，由于用石斧砍掉了森林的松树，大地无法涵养雨水，来自南面上游的河水淹没了农田，使种植玉米的农耕作业难以为继，12世纪沦为废墟。该村落于1849年发现，至今那里的居民还固守着没有电灯、电视的生活（图2-21）。

图 2 - 21　捷克的集合住宅

（来源：参考文献 [11]，24 页）

实例 12——亚马逊的住居

南美的亚马逊河是世界上流域面积最广、流量最大的河流，全长 6480km，流域面积 705 万 km²。占世界河流注入大洋总量的 1/6，暴雨来临时水面上升 10m，河面宽 500km，其规模宏大得难以想象，因此有木筏那样的住居，高床式住居也很多（图 2 - 22、图 2 - 23）。

图 2 - 22　亚马孙木筏住居　　　　　　　图 2 - 23　亚马孙高床式的住居

（来源：参考文献 [11]，24 页）　　　　　　（来源：参考文献 [11]，25 页）

实例 13——萨摩亚的住居

南太平洋萨摩亚大部分地区为丛林覆盖，自然资源缺乏，属热带海洋性气候，年平均温度 28℃，年平均降水量 2000 ~ 3500mm。萨摩亚的家是整个夏天开放的住宅，其中有带台基的高床式的住居，也有树上的住居，多种多样，而且有依地域和民族不同而异的居住方式（图 2 - 24）。

萨摩亚住居有以下几个特点：

1）适应土地、风土和材料合理地建造；

2）建筑的各部位模仿人的身体、适应人体尺度，或者通过象征性的表现手法，使之富有生命力；

3）有着包括民族风俗、宗教内容的自律性，表现了美学的统一性。

实例 14——中国的窑洞

沿黄河流域的黄土高原 6000 年前曾是绿地

图 2 - 24　萨摩亚的住居

（来源：参考文献 [11]，25 页）

丰富的地域，有木构架的住居，也有与美国西南部亚利桑那地下住居类似的居住样式——

窑洞。两者虽然是完全不同的民族、不同的文化，也远隔千山万水，但是由于气候相同出现相似的住居，这说明生活文化的智慧是人类共有的。窑洞住居冬暖夏凉，在中国至今还居住着数百万人，可以说是节省能源的住居（图2-25）。

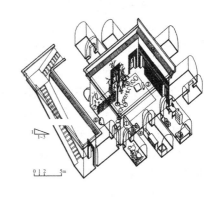

图2-25 中国窑洞
（来源：参考文献［17］，66页、71页）

实例15——印尼的托拉杰住居和聚落

斯拉威西岛的萨丹·托拉杰族至今固守传统的生活方式，不受外界的影响，保留了特色文化，是自立性高的封闭社会。托拉杰原意是"山里的人"，是内陆山民的总称，有着船形屋顶的住居位于海拔800~1600m的山间盆地，年降雨量为4700mm，每年11月份至第二年5月份的雨季湿度为80%，在这种条件下住居和仓库都是高床式的，墙体是用厚板做成的牢固的箱形，住居和仓库都是位于公共空间沿东西方向排列，连接北面仓库和南面住居的轴线，表示北面为神圣方向。聚落由竹林环绕，从外面看不到耸立的屋顶，具有开放性和封闭性兼有的独特表征（图2-26）。

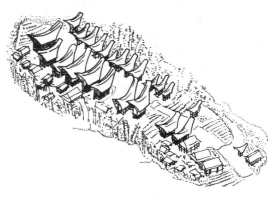

图2-26 印尼托拉杰住居与聚落
（来源：参考文献［11］，28页）

通过以上实例研究，可以得出如下的结论：

1）住居与风土基本对应；

2）住居有着个性的变化；

3）民族习俗有着比适应性更强的意志，可以说是超越住居功能之上。

由此看出，原始先民为追求生活的方便，不是与自然对立，而是与气候、风土保持友好的关系。正像人类追求生存价值那样，住居追求居住价值。

现代人与外界自然隔绝，依靠冷暖装置以及煤气、水、电获得生活的方便，而身心变得越来越脆弱，缺乏忧患意识，没有应变能力，与大自然友好相处的本能退化。其实生活中偶尔支起帐篷睡在大地上，让身体感悟大自然是非常重要的。

三、促使住宅变化的原因

1. 生产活动和经济活动

在原始时代，人类活动的重心是食料的生产。种植水稻需要丰富水资源，因此水资源丰富的河川附近就形成了聚落。

以农业定居为基调，住居和宅基地是产生劳动力家族的生活场所，作为生活据点的同时，也是种子、农作物的保存和干燥，道具的修理，粮食储备的场所。日本弥生时代贮藏稻子的高床式仓库是那个时代最高水平的建筑。

随着生产力的提高，出现了统治阶层和被统治阶层，诞生了城市，出现了工匠和商人。生产力的扩大导致阶层的分化，职业多样化、细分化，住宅形式开始分异。掌握强大权势的统治阶层为显示自己的地位而建造建筑，从而促使了建筑技术的提高。

随着时代的更迭，住宅形式也不断地变化，狩猎、采集、火田、游牧等以移动为前提的住居大量出现，这些住居在蒙古、近东一带现在仍可以看到。

2. 社会组织、信仰和习惯

原始的住宅也需要集体的协助，并有效地、有步骤地建造，其技术经过不断地锤炼、传承，形成了各地区独自的构法。共同作业时，以村落生产、生活组织为基础，渗透了当地的信仰和习俗，逐步形成当地住宅规范。位于山地、海岸、坡地的聚落和位于平原的聚落建造住宅的规范又不一样，就像城市和农村的不同。

这些规范考虑了住宅与道路的关系、宅基地的布置、住宅的方位、本家和分家的名分、地位、接待客人的场所、内部的平面组织、房间的布置以及上座、下座的决定方式等。每个季节、年中节事时的室内布设等，都有一个统一的规格，传统的聚落所看到的规整街景，就是地域社会规范的结晶。

3. 外来文化的影响

对外来文化的吸收，也是基于本土长久历史形成的居住方式上的，并不完全与他国一样。比如中国、日本、韩国虽然都受到美国居住文明的影响，但是无论在建筑的样式上还是在居住方式上三国都大异其趣。

过去获得外来文化——最新的住宅信息都是始于统治阶层，信息的流向是从上层统治阶层向下层传播，到了近代，权利结构由武力转变为资本，信息的流向是从富者流向贫者。现代文化潮流也是一样，同时又是信息时代，大众的喜好以及掌握信息的灵敏度不同也影响着文化的传播方向，形成了从城市到地方，从年轻人到老年人，从女性到男性的信息流向，住宅设计类似化就是信息时代的表现特征。

四、学习风土住居的意义

构成风土住宅的材料没有了、工匠不存在了，社会组织、生活方式变化了。茅草屋顶不管怎样优美，没有了茅草材料、没有了铺草的工匠、没有了防止茅草屋顶腐烂的火炉，就失去了存在的基础。

学习风土住宅的意义在于回首住居的初始阶段尊重生态的观念，风土住宅不消费能源，可以抵挡严寒和酷热，寿命到了还可以还原给自然。风土住宅让我们回到住宅的起点，与自然共生。另外，风土住宅还教我们用相对的观点考虑居住文化，这就如同将中国、法国、日本的料理放在同一个容器中食用也许是合理的，如果把它们分别放在容器中就会更丰盛，住宅也是一样。

从风土的观点出发，世界各国都有自己的住居和生活文化，现在这些住居面临着现代文明的冲击，人们过于依赖机械文明，这是全人类面临的问题。上述住居随着现代化的进程正在逐渐丧失，趋于同化。

在中国，由于改革开放以来受到外来文化，特别是欧美生活方式的渗透，人们逐渐淡漠本土文化。在这个背景下，我们应该认识到，中国的风土并没有变化，所谓"一方水土养一方人"，人的基本生活方式仍然存在，在冬冷夏热、四季分明的中国，人们期待着能体味四季气息的住居与生活。

实例篇

第三章 东亚、东南亚住居与聚落

第一节 概述

本章从居住文化的视点把握东亚、东南亚的住居与生活的对应关系，由于东南亚岛屿的多样性，印尼半岛山岳地带许多民族混居在一起，从气候上划分有热带季风和温带季风的地域，多种的自然条件复杂地交织在一起，其多样性促进了人们的创意和智慧。

一、解读多样性的钥匙——东亚的"庭"和东南亚的"床"

东亚各国住居特征的共同关键词是"庭"（中庭和外庭）。中国汉族三合院、四合院在住居中轴线上布置中庭，面向中庭展开生活，是高围墙、封闭式的构成形态。客家土楼、窑洞以及摩梭人的住居，都是以中庭为核心。客家土楼是以种族集团的形式居住，防御意识很强。窑洞是横穴住居，其封闭式的中庭与四合院构成类似，体现了汉族文化的同一性。韩国两班住宅的内栋和舍廊栋的关系由庭来联系，从外庭到达内庭是由层级构成的。

东南亚各国住居的共同关键词是"床"（高床和地床），处于高温多湿的风土条件下，日阴好和通风畅的高床式是最佳的选择。马来西亚达雅克族的长屋是高床式的，柱子和梁是与邻居共用的连续形式，出檐深远，地面材料使用竹子，有利于地板通风。

居住在亚热带季风地域的台湾亚美族防备台风是首要课题，住居采用地床式，结合地形阶梯状布置，架设抗风压的斜屋顶。印尼巴厘族也采用地床式，每个住居建在高差不同的基地上，采用分栋形式，"三界思想"的含义影响着住居形式。

东亚的庭相当于东南亚聚落的通路或广场。贯穿于印尼巴厘族长方形住宅的笔直的坡道、泰国阿卡族建在坡道上聚落的山脊路，以及马来西亚达雅克族长屋的通廊等都发挥了聚落庭院的作用。信仰泛灵论、维持微型社会的东南亚，以聚落为单位形成共同体，与东亚民族广泛的网络社会有很大不同。

二、与生产农历、世界观有密切关系的住居生活的文脉

住居和聚落的生活是由生业所支撑的，阿卡族火田游民的生业是自给自足的农业，不仅维持了生计，还创造了生活节奏。此外聚落空间的结构，与居住观、家族观有着很密切的关系。按照每年的惯例进行生活，不被农业所束缚。以农忙期为中心展开一年的周期活动，生活的节奏丰富多彩。因为是依靠雨季的粗放农业，受天气左右，所以在每年雨季到来前都要做一对男女木雕放在门前，在森林中建造祭祀土地灵的祠，门和祠每年都要重新建造，并举行盛大的祭祀仪式，祈祷丰产。人们以农历干支为周期进行农耕礼仪。稻作期一般是 5~11 月的半年雨季，在此间日出而作日落而息。雨季结束后，开始举行人生礼仪

结婚等仪式。从干燥期到后半年为房屋修缮改建的时间，阿卡族认为住居和聚落都是从精灵那借来的空间。迎接客人在男性空间，举行仪式时男女空间领域加以严格区分，双方的围炉作为礼仪空间发挥很大作用。阿卡族住居不受家庭人口构成和人数的左右，各家都一样，正房的空间构成是象征阿卡族民族个性的手段，成为东亚、东南亚住宅根基的住文化文脉。

信仰泛灵的印尼松巴族的住居剖面是屋檐下有精灵的住所（屋架）、人的住所（地面）、牲畜的住所（地下）。男性和女性，家人和客人，信仰的场所和日常的居所在平面和剖面上的划分，是表现不同民族不同文化的重要要素。

三、气候、乡土材料限定的住居建造方式

东南亚复杂的海流生成了多样的微气候，植物分布多样，地形复杂纷呈。各地住居不得不适应这些地域气候和自然环境，整合的结果就是房屋的形态。坡度陡的屋顶可以快速排除雨水，雨落下来远离墙体和柱子，使木头免受腐蚀。选择住居形态的背景是乡土材料的丰富。这里的人理解乡土材料的性质，有鉴别材料的能力，熟知材料使用和建造的方法，就连竹子的使用都有许多民俗分类。

高床住居在适应气候和自然环境上有三个功能：

1）有遮蔽强烈日照的功能。出深檐，开口少。煤炭熏黑的木头、竹子等构件使得白天屋里也很昏暗，可以折减日照。

2）有防雨的功能。可以远离潮湿的地面。

3）有防暑的功能。采用楼板通风技术，即通过竹子的缝隙透过凉风，依靠重力换气方式，将聚集在屋架中的热气和烟一起拔出去。

东亚使用土墙的地床形式广泛分布，进屋脱鞋的习惯在日本和韩国是传统起居方式。住居是梁柱结构，土墙围合。从干燥地带到降雨少的温带地域都把土作为乡土材料积极使用。生土的利用方法有三种：

1）版筑（夹板内放入土、枯叶等连接材料，用水拌合用杵夯实）；

2）土坯砖（将粘土放在模板中成型后晒干）；

3）生土建筑（窑洞）。土有隔热性能，可调节室温，干燥地区的土中含有盐碱，依靠水可以凝固，利用其特性建造房屋。

四、定位为外庭型住居的东南亚住居

从全球的角度把握东亚、东南亚的住居文化的地理学家铃木秀夫，用沙漠和森林的对照性居住环境来划分人类的思考形式，即沙漠的思考与森林的思考，从中抽出关键词进行对比，这些关键词都是相对的，其差异与双方的文化形质的根源密切相关。

他认为在沙漠里一眼可以望到地平线，而在森林里由于树林遮挡，连确认自己所处的地理位置都很困难，感觉树林遮挡的对面空间在扩展，但是随着身体的移动展开的是类似空间。铃木把前者称为是"鸟瞰的世界"，把后者定位为"蚁瞰的世界"，两者的不同一边孕育了犹太教、基督教的一神教，另一边哺育了印度教、佛教等多神教。

援用铃木的概念，假设沙漠的思考为中庭型住居，森林的思考为外庭型住居，对比住

居形式内在的空间构成原理可以看出，沙漠的（干燥地域）住居，由于厚墙围合与外界隔离，所有居室朝向中央的中庭，是生活向内展开的向心式的平面构成；而森林的住居，重视与周围庭院的关系，是生活向外扩展的离心式平面构成。

因此，中庭型住居和外庭型住居在住居平面和庭院的关系上是底和图的反转，再进一步的解释是，处于开放的鸟瞰环境条件下的住居是闭合的，而处于森林的封闭环境条件下的住居是开敞的。

中庭型住居对外界极端封闭，反映了沙漠风土的严酷性，防御的不仅是外敌，还有烈日下的热风、沙尘和夜间的寒气。中庭型住居以东亚干燥地方为中心广泛分布，特别是中国下沉式窑洞的构图也是中庭式的，这意味着地域居住文化在对象地域中包含着异质的要素。

外庭型的住居，由于所处地理条件优越，气候温暖，没有食物的困惑，相互之间没有生存条件的威胁，因此住居是开放的，对外界是融合的、友好的，积极与人交往、谋求共存，对应自然条件，室内开放、凉风贯通、隔热是不可缺少的条件。

居住在中庭型住居的人们（阿拉伯，西班牙）是沙漠式的思考，重视证明自己的存在，欲将自己的世界观形象化。中庭是惟一的外部空间，中庭在住居流线构成和室内气候的形成上，显示了其核心性。外庭型住居的人们，基于森林的思考把自己置于自然中，与自然接触，从自然哲理出发构筑世界观。东南亚的露台，深檐下的空间是既非室内的也非室外的中间领域（灰空间），它的存在象征着与周围自然的关系性以及与周围邻居的接触方式，住居向外敞开，看着外面进行生活是日本以及东南亚人特有的居住方式。

五、支撑共同体的基因

有着自给自足经济的东南亚许多国家，之所以可以实现大规模住居改建的共同作业，是由于背后有着可以依存的邻里机制，从材料筹备到上梁、出劳力，通过一种默契进行建设，参加建设的范围依民族不同而不同，从血缘关系到任意组合，以及义务帮工，有着各种形式。共同作业归纳起来有着以下几种优势：

1）可以集中劳动力；
2）可以传承建筑技术，培育当地的技术人员；
3）可以建造不脱离民族个性的空间；
4）可以与邻里建立感情，以业主为中心培育人际关系；
5）可以（通过频繁的交往）孕育共同的理想。

东亚、东南亚民族分成许多部落社会，这些被细分的集团都信仰泛灵论，与祖灵和精灵共生，这是孕育东南亚住居多样性的原因之一。为了维护各自的共同体，在住居和聚落的建造上有意识地表现出民族个性。民族服装、色彩、装饰等是物质的、可视的，而制度、规范、宗教、生死观、宇宙观等是非物质的、不可视的，他们有意识地把这些不可视的个性，变成看得到的有形的物理形式投射到住居和聚落中，让居住在聚落的人理解背后的含义，培育共同的理想。

东亚、东南亚地域，几百年、几千年形成的秩序传承到今天，被喻为基因（DNA）的这种居住文化一旦丢失就不可能复归，因此有必要用居住文化的视点，反思和重新认识传统的住居和聚落给我们的启示。

第二节　日本的和风住居

　　日本的和风住居主要指江户时代（始于17世纪初）的武士住居，是在过去各种住居形式的影响下完成的。本节在回顾日本历史各时期住居发展的基础上，概观和风住居的定型过程。在住居的变迁上，一般平民由于经济上不宽裕，不能采用最新技术，只能建造以日常生活场所为主的住居，而贵族等统治阶层的住居在强大的经济实力背景下，采用最先进的技术或流行的样式，使理想的住居得以实现。在这个意义上，可以说住居的传统是以统治阶层的住居为中心形成的。

图3-1　竖穴住居

（来源：参考文献［18］）

一、从竖穴住居到平地住居

　　日本绳文时代（公元前4世纪以前）的住居是竖穴住居，可以推断最原始的住居可能是自然洞穴。竖穴住居内部没有发现采暖和炊事的炉灶痕迹，这说明它是适于御寒的住居形式（图3-1、图3-2）。到了弥生时代（公元前4世纪~公元2世纪），高床式（干阑式）建筑随着水稻技术一起从中国传来，这种南方系住居形式由于楼板架高，即便是处于湿地也无妨，是适于防潮、防暑的住居形式。高床式建筑中含有高床式仓库（图3-3），复原登吕遗迹时发现的高床式仓库便是其中一种，而高床式住居的形态可以在埴轮（随葬品）、铜铎（青铜器祭器）上看到。例如，在奈良县佐味田保塚古墓出土的文镜上绘有带"叉首"（屋脊的形式）的歇山式屋顶的二层楼房，推测为贵人住居（图3-4）。

图3-2　竖穴住居内部

（来源：参考文献［42］，16页）

图3-3　高床式仓库

（来源：参考文献［42］，19页）

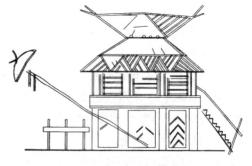

图3-4　家屋文镜中的贵人住居图

（来源：参考文献［20］，5页）

平地住居与高床式住居一样，地面上如今只留下柱穴，很难进一步获得有关古建筑的其他信息，被推测为始于弥生时代、古坟时代（3～7世纪）以后的主要住居形式。弥生时代以后，随着水稻作业的普及，住居从以往日照好的小山坡上转移到适合水稻作业的、水系好的低湿地上来。与竖穴住居的实例——登吕遗迹相比，这种住居不是竖穴式的，而是在平地周围堆建的竖穴风格住居，称为平地住居。平地住居的形式在家型埴轮上一目了然。群马县今井茶臼上古坟出土过家型埴轮，这个家型埴轮屋顶上所装的坚木鱼（正脊上横向安置着一排圆木）便是平地住居的例子，经考证该埴轮为5世纪随葬品（图3-5）。

由此看出平地住居与竖穴住居的不同，屋面不是垂落到地的，而且柱子和墙面清晰可辨。至于住居内部就不得而知了。据推测，土间（素土地面的房间）内应当有炉灶，架高部分的地面应是就寝场所。平地住居的地板和墙体的存在是受高床式建筑的影响。因此可以把平地住居看作是日本传统住居的起点。

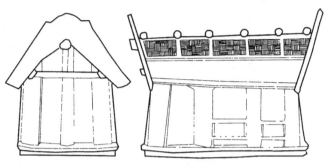

图3-5 出土的家型埴轮
（来源：参考文献［18］，10页）

二、寝殿造——和风的祖型

奈良时代（7～9世纪）后的古建筑有法隆寺东院作为讲堂使用的传法堂，这个建筑原是圣武天皇橘夫人的一套宅子，在"舍宅为寺"佛教盛行时代，橘夫人将此宅捐给了寺庙，后移筑于此用作传法堂（图3-6、图3-7）。

平安时代（9～12世纪），贵族住宅演变为具有共同特征的新建筑，一正两厢，用廊子连接，称作"寝殿造"。根据当时《中右记》记载为：寝殿造的理想模式：有东、西对屋和有东西中门

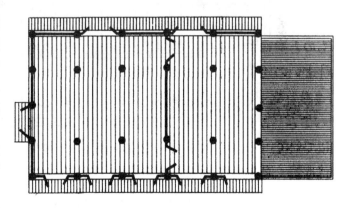

图3-6 传法堂复原平面
（来源：参考文献［20］，11页）

的规整平面。基地周围有围墙环绕，宅邸以寝殿为中心对称布置。南侧是铺有白沙的宽广庭院和泛有龙头鹤首舟的池塘。中央的寝殿如图3-8所示，正房五间，周围有一圈廊庑，内部铺有地板，正房的两间是用作卧室的"檯笼"和居室的"昼御座"，廊庑外围是支摘窗，可以自由装卸（图3-9）。

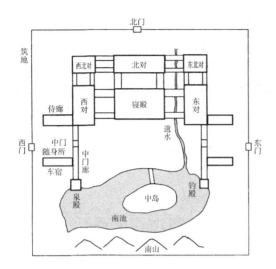

图3-7　寝殿造配置图

（来源：参考文献［20］，17页）

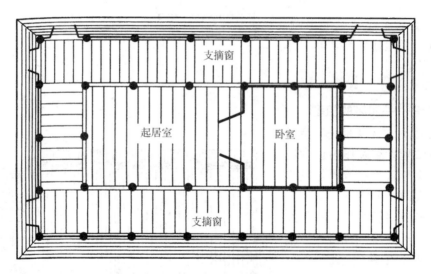

图3-8　寝殿造推定平面

（来源：参考文献［20］，17页）

　　寝殿的内部除了"檍笼"之外没有门窗，外围可以完全打开，因此是极开放的建筑。

　　寝殿是主人日常生活的场所，"昼御座"没有隔断，地上铺有榻榻米。主人就座的近旁是放文具等日常用品的两层格子小柜，前方为嫚帐，后方是屏风。另外，寝殿还可以用作各种仪式、庆典，根据情况摆放家具，可以任意布置成举行各种仪式的场所，这种布置在日语中称作"室礼"（室内道具、家具等的布设、装饰）。

　　从"寝殿造"看日本传统住居的特征有几下几点：

图 3-9　紫式部日记绘词中的支摘窗
（来源：参考文献［21］）

（1）开放性

平安时代庄园制度的普及使得贵族文化在强大的经济实力背景下达到鼎盛。在贵族文化的繁荣过程中，日本不仅吸收了从大陆传来的居住文化，同时也致力于本土特有文化的改良，出现了适合日本风土的独特居住样式，特别是称为寝殿造的舞台——平安京（即现在的京都），为抵御京都夏季不同寻常的湿热，其住居是"防暑型"的。

在这一风土条件下的寝殿造的基本特征之一是开放性。从奈良时代的古建筑——传法堂复原图可以看到虽然是开放的三间，还有一部分隔墙，但是从寝殿造的推定平面得知，除了"橱笼"封闭的房间外，廊庑外围只有支摘窗和山墙，没有任何实墙，从这个意义上讲，寝殿造可以说是完全开放的。形成这个特征也许是与平安京地处盆地，夏天高温多湿的气候有很大关系，防暑的对策是让住居尽可能通风。寝殿以南的池塘、钓殿、泉殿等紧挨着池塘建造，这样不仅在视觉上感觉凉爽，还可以在池塘水蒸发时利用气体散热。深出檐的屋顶是为了得到凉爽的阴影地带。可以说寝殿造的开放性特征是在追求适应高温多湿气候的过程中产生的。

（2）门窗、隔扇的产生

为了维持开放性的基本特征，就要考虑内部不设阻碍通风的隔墙体系，这就是由"布设"带来的空间转换性，由此寝殿既是主人日常生活的场所，又是举行仪式、庆典的场所。寝殿造一般由数栋建筑组成，各建筑依照不同的用途设计，建筑都以开放为先决条件，因此几乎所有的建筑都带有同样的特征。

在布设上寝殿造多使用装饰在固定场所的屏风、围屏（幔帐）等遮挡视线的临时性道具，当时的生活就是使用这类家具展开的。后来，这些临时性的道具逐渐地在某些场所被固定化了，代之以推拉门窗。这些门窗虽然是固定的，但必要时仍可以拆卸下来，而且由于是推拉式的，所以可以简单地开合，在这个意义上可以认为推拉窗是为了尽可能不失去开放的特征而产生的。

格子状的木框两面糊纸，起先称为"障子（Papered screen）"，后来在障子下面安上腿，这样就可以作为屏风使用。在寝殿造内部功能的分化过程中，障子安装在柱间作为平开门使用，后来在平安时代前期又从开合式变成水平推拉式，同时改称为"鸟居障子"。鸟居障子在平安末期广泛采用，后来又不断进化产生了双槽推拉隔扇。总之，在平安时代后期，寝殿造的内部开始使用水平推拉和双槽推拉门窗，外围也从支摘窗逐渐演化为双槽推拉式板门（图3-10）。

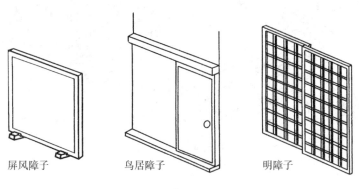

屏风障子　　　　　鸟居障子　　　　　明障子

图3-10　各种室内门窗

（来源：参考文献［43］，49页）

（3）榻榻米

奈良时代的住宅古建筑——传法堂的地板已经是高床式的了，因此，一般认为进屋脱鞋、席地坐卧的起居方式在奈良时代已经确立。寝殿造继承奈良时代以后的潮流，地板也是高出地坪的，同时也继承了进屋脱鞋、席地坐卧的习性。寝殿造内部的地面材料是板材，当时的榻榻米并不是整屋满铺的，而是仅作为一种家具（陈设）来使用，只有在铺被褥和椅垫的位置才铺设，榻榻米作为整个地面材料是以后的事情了。

以上是寝殿造的基本特征，虽然榻榻米在那个时代只是部分地铺设，但是作为开放性的空间特征，推拉门等的使用在寝殿造就可以看到，从这个意义上可以说寝殿造就是日本人心目中的传统住居，是传统和风住居的鼻祖。

三、书院造——传统住居的原形

平安时代适用于日本本土气候而形成的寝殿造的形制经历了镰仓时代（12～14世纪）、室町时代（14～16世纪）后，逐渐向"书院造"演化，这个演化的主要原因是统治者的更迭。中世纪以后到近代，日本的统治阶层由贵族变为武士。在这一变化过程中，武士不断地对寝殿造进行改造，孕育了独自的住宅样式，这就是书院造。从寝殿造到书院造的形成过程可以看到的最大变化是，贵族住宅的寝殿造中最重要的行为是仪式、庆典，而武士社会重视"对人"（人际关系）关系，以接待客人为中心的待客、会客为最重要的生活行为，于是产生了对应这种行为的住居形式。

从平安时代末期寝殿造的平面可以看出，住居北侧逐渐扩大，主室所设的檐笼（卧室）向北廊庑移动，主室与南廊庑部分成为仪式、庆典的场所，北廊庑成为日常生活的场所，由此在平面构成上形成了两大区域。这种平面被后来的镰仓时代、室町时代的公家住宅和将军住宅所继承。例如室町时代足利义满将军的室町殿（将军宅邸）就表现了这样的特征（图3-11）。

这个室町殿的南侧为仪式、庆典的场所，在武士社会初始阶段作为接待客人的场所使用。在平安时代贵族社会，身份高的人不去走访身份低的人家，而到了中世纪勃兴的武士社会，将军开始频繁地走访武将的住宅，武将走访武士的住宅。这样，接待客人成为武士社会住宅中的重要功能，从而促成重视待客、会客的独特平面形式的出现，即南侧作为待客、会客的场所，北侧作为日常生活的场所。而且具有出入口功能的"中门"建筑不

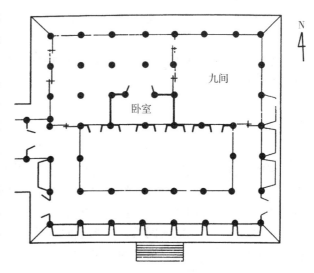

图3-11　室町殿的寝殿
（来源：参考文献［18］）

再称"寝殿"，而称为"主殿"。表现当时居住情景的有"洛中洛外屏风"里描绘的细川宅邸（图3-12）。其形式流传至今，出现了"光净院客殿"、"劝学院客殿"。平井圣教授指出，主殿造区别于寝殿造的是以主殿为中心配置厨房、马厩等，是典型的武士住宅形式。

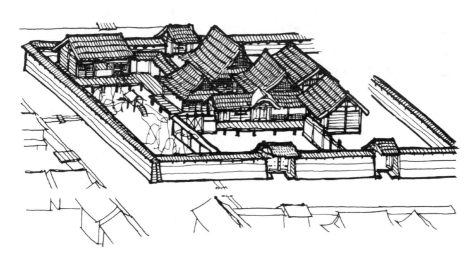

图3-12　绘画中的细川宅邸
（来源：参考文献［37］，19页）

但是到了中世纪，由于建筑结构技术的提高，主屋与廊庑的组成没有了结构上的制约，因而室内多采用平安时代出现的推拉式隔扇，外围的门窗、支摘窗、板门逐渐减少，开始使用双槽推拉门、障子，随着这种推拉门窗的普及，圆柱变成了方柱，室内也开始装饰吊顶。另外，以小柜、桌椅等为代表的可移动家具也在根据用途用隔扇划分

个室（单间）的过程中固定下来。这是形成后期书院造特征的主室的综合性过渡阶段。

中世纪以后，寝殿造平面布局进一步被修改，变成了应对重视待客的武士社会的独特风格的住居。

四、书院造和数寄屋风府邸

到了近代，住宅中心的建筑不再称"主殿"，而是称为"书院"，这是因为武士社会所重视的待客、会面的形式又向新的形式转变。中世纪时代，把接待客人、会面放在了主殿南侧的中央房间，客人面对庭院就座，主人以庭院为背景就座。到了近代，接待客人、会面使用3间连续的套房，即使用南向平行于庭院的连续房间，而且将这些房间规格化，身份高的人在规格高的房间就座的形式固定下来。这种接待客人、会面的新形式确立后，把过去那种将接待客人、会面和日常生活分为南北两侧的形式改为将日常生活的场所转移到"别栋"建筑中使之独立出来，中央的建筑为待客、会面专用，并称为"书院"，有这样特征的住宅被称为"书院造"。

书院造为了在视觉上表示最重要的功能是作为接待客人、会面的专用场所，对各房间进行格序化，主室以"床间（Shallow decorative alcove 壁龛）"为中心，设有"违棚（Decoration shelves 有错层的柜，博古架）"、"付书院（Built in table 固定桌台）"、"帐台构（Bedroom of a farmhouse 储藏室入口形式）"，组成"座敷饰（Shoin decoration 书院饰）"（图3-13），成为书院饰的四大要素即床间、违棚、付书院、帐台构。

"帐台构"也称为"纳户构"，意为进入藏衣室（卧室）的入口，一般设在"付书院"的对面，比地板高出一阶，中间有一个门槛，立一个隔扇。寝殿造的卧室——檫笼被中世纪住宅所继承，也称"纳户"，这个纳户在使用可移动式隔断间隔的住宅内是惟一有门（可以关闭）的房间，因此往往作为贵重物品的收藏间，而且在近代的武士住宅中也是用来收藏重要物品的。

床间（壁龛）底部有两种形式，一种是押板（厚木板），另一种是铺有榻榻米的木板，其中押板的起源可以上溯到12世纪，在1351年的《慕归绘》的绘画中，只是在佛画前放一张桌子（图3-14），而在130年后的1482年的添绘图上已变成了固定的押板（图3-15）。由此可以推定押板始于室町时代中期，到了近期多采用铺有榻榻米的木板了。

"付书院"在镰仓时代、室町时代被称为"出文机"或"书院"，是像凸窗那样挑出廊子的书桌，书院意为书斋，镰仓末期的《法然上人绘传》中描绘了僧侣们面对书桌读书的情形。而室町时代的《慕归绘》图中绘有顶板下就是落地橱柜，堆放着文具的场景。由此得知室町时代丧失了书桌原有的功能，作为展示来自中国的稀罕文具场所的功能加强了。

橱柜在寝殿造中也有"二阶橱（Bi-level portable shelves 两层隔板）"、神橱，用来放日用品，之后作为展示从中国带来的书籍、茶具等场所，具体始于何时不得而知。慈照寺东求堂的同仁斋有固定的橱柜，由此推断室町时代已有固定的橱柜了，这个东求堂的橱柜是两片木板交错制成的，"违棚"由此而得名。

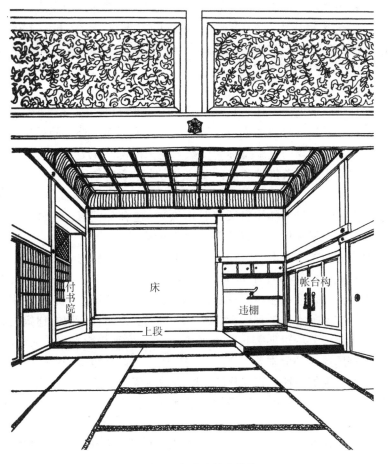

图 3-13　书院造的座敷饰

（来源：参考文献 [43]）

图 3-14　1351 年的《慕归绘》中的床间

（来源：参考文献 [17]）

图 3-15　1482 年的《慕归绘》中的床间

（来源：参考文献 [17]）

综上所述，"座敷饰"的诸要素从各自的实用角度出发，存在于各个房间，随着定格化逐渐走向强调装饰的一面，诸要素渐渐出现到主室。江户时代初期，庭院一侧为付书院，正面为床间和违棚，付书院对面为帐台构，至此，座敷饰定型完成。有座敷饰的书院造府第的代表作是德川家康将军的居城——京都的二条城二之丸殿（1602 年）。大广间（大客厅）是将军接待、会见各国大名的场所，豪华艳丽的室内意匠显示了身处统治阶层的将军的威严，换言之是将等级制度可视化了。

但是，由于这种出于门第格序的意匠构成的书院造过于程式化，与日常生活格格不入，因此，即使是书院造建筑，作为日常生活的居住部分也在意匠上排除了程式化内容以及身份等级等因素，采用了平易的自由元素。而且，采用简约朴素的手法，看上去给人一种与书院造大异其趣的印象，这就是称为"数寄屋风府邸"的建筑。

数寄屋风府邸的代表作首推桂离宫，以桂离宫为中心的数寄屋特征为床、违棚、付书院的布置自由度大；柱子使用圆木或带树皮的木柱；压条被省略或使用带树皮的半圆柱；多采用有颜色的土墙；壁纸多使用唐纸（日本纸）；违棚、楣窗、暗钉、障子的把手等有了多彩的设计；建筑用材多样性；有了着色、染色等。

首先，座敷饰的布置自由度大，而且有省略的部分，书院造中最重要的座敷饰"床间"是押板，而桂离宫的新御殿有榻榻米的床间、上段、橱柜、平书院，在构成上有崭新的自由气氛。另外，书院造一般使用没有骨节的方柱，而数寄屋风府邸使用圆木或带有树皮的木柱，压条也是半圆木，带有树皮的或省略的很多，而且使用的建筑材料是多种多样的，多用竹子，在处理上尽可能表现自然的原生貌，这种极自由的意匠也有"草庵风茶室"的影响。数寄屋风府邸原本是上流阶层的住居，渐渐地也被一般住宅所采用。在这一传播过程中，极力表现等级性、程式化的书院造，除了上流阶层的住宅外，其表现的必然性被逐渐弱化，江户时代后期诞生了受数寄屋风府邸影响的现在称作"和室"的传统住居原形。

太田博太郎先生在《日本建筑史序说》中称江户后期住宅为"近代和风住宅"，并列举了平面的灵活性、与庭院的连续性、材料之美、实用之美、朴素清纯趣味、有品位六大特征。

从书院造看日本传统住居构成原理有几下几点：

（1）开放性

经过镰仓时代、室町时代的演化，构成书院造特征的座敷饰成为固定格式，室内设置了封闭的墙，除了床间、橱柜以外，室内的隔断都使用双槽推拉门窗。例如 1608 年江户幕府大栋梁的平内家秘传书《匠明》的插图"昔日六七间的主殿"平面图，从使用支摘窗情况来看，在当时也是古典建筑，但是除了床间、柜橱等座敷饰外，其他外围和内部的固定墙面很少，大部分使用的是可以拆卸的推拉门窗，另外有屋顶的敞开廊子，与庭院连续感强。通过全面使用障子，廊庑与室内的关系更加开放，在这个意义上，可以说中世纪住居的变化从根本上始终是维持着开放性的特征。

（2）门窗

到了镰仓时代、室町时代，住居室内开始装饰顶棚，可以安装比较自由的隔断。在这两个时代，室内多使用双槽的推拉门隔扇，外围使用格子框的隔扇，支摘窗只是使用在中央建筑的正立面。外围的门窗一般是柱间两张拉门与一张格子窗配套使用，夜晚把拉门关闭起来，白天为了采光，柱间的一半采用格子窗。江户时代初期有了木板窗，拉门被取代，白天整个建筑都呈现出格子窗的外观，后来，这个格子窗由于套窗的问世和普及使室内与敞开的廊庑连成一体，对外更加开放。

（3）榻榻米

寝殿造中的榻榻米有着很强的坐具性格，镰仓时代的绘画"蒙古袭来绘词"中的榻榻米是在室内四周铺了一圈，而在1309年的"春日权现灵验"绘画中只是在睡卧的地方铺有榻榻米，并绘有搬运榻榻米的场景。榻榻米究竟何时变为室内满铺，目前尚不清楚。但是从室町时代后期的慈照寺东求堂同仁斋的实例可以推断，榻榻米似乎在这个时代已经开始在室内满铺。16世纪随着市场经济的发展，榻榻米在市场上有了统一的规格，柱子、隔扇、板壁都有了详细的尺寸，走向了商品化，从而使建筑模数化。房间的平面和柱网尺寸基于这些统一的模数，按照标准尺寸建造住宅各个部位的工业化构想趋于成熟，同时也培育了日本人传统的尺度感。

以上通过上流阶层住居的变化，概观了日本传统住居的起源和变迁，可以看出日本住居原理最根本的特点是开放性，即以古代的寝殿造为出发点，经历了主殿造、书院造的历史演进，最后到数寄屋风府邸，住居形式发生了很大的变化，但是在各历史阶段的变化中，固守开放性的意识始终在起作用。比如"室礼"不将家具固定化的居住方式，门窗可以拆卸的创意，这些都是维护开放性的手法，使外围更加开放，进一步增强了室内、廊庑以及庭院内外连续的效果。这种开放的住居在意匠上、在江户时代数寄屋风府邸的诞生、普及中，可以说是在继承古代崇尚自然的基础上，向新的质素清纯的审美意识升华中完成了传统的住居形式。这种和风住居经过中、下级的武士住居广泛传播普及到町屋（商人住宅）、农家，进而被明治时代（18世纪）以后的和风住宅所继承。

思考题：

1. 和风住居的基本特征是什么？
2. 和风住居的开放性体现在哪些方面？
3. 在传统住居的历史演变中生活行为与内部空间划分是如何对应的？

第三节　韩国的两班贵族住居

韩国历史上在政治、文化以及思想许多方面都受到中国的强烈影响，但是居住文化确立了与中国不同的独特风格。然而，韩国与日本在居住生活方式上却有着相同的一面——进屋脱鞋的习惯，这是世界上罕见的居住习俗。中、日、韩三国在历史上曾有过密切的文化交往，在同一文化源头下各自分道扬镳，形成了适应本土的独特居住文化体系，在居住建筑的文脉上可以说没有太多的关联。

一、两班（统治阶层）的儒教思想和风水观

叙述韩国传统的生活文化，就是叙述称作"两班"的朝鲜王朝时代最高身份的统治阶

层文化。两班的影响在传统的韩国社会是深刻而广泛的，可以说渗透到整个社会。

两班是源于高丽王朝（918～1392年）的官僚组织。1392年，李成圭建立的朝鲜王朝的官僚组织效仿高丽王朝，组建东班（文臣）和西班（武臣），统称"两班"。

但与高丽不同，不仅文臣、武臣实施科举，技术系官僚也实施科举，虽然"荫叙制"（世袭制）也存留下来，一般官吏通过科举来录用，普通平民也有参加科举考试的资格，但是实际上考试存在着偏重学习环境和经济条件优越者的倾向，最初的两班是指现职文武官僚，后来用来统称官僚辈出的社会阶层。

在朝鲜王朝时代（1392～1901年），两班是社会统治阶层，政治、经济特权集中在两班，因此"两班式"被视为一种理想型，因此两班的生活方式广泛普及到社会，形成韩国的传统文化。即便是后来在殖民地时代两班特权在制度上被取消了，但所谓"两班式"的现象仍被继承下来。因此两班阶层的住居就是韩国传统住居的原形。

1. 儒教思想

在韩国社会，儒教思想作为社会规范渗透到生活的各个方面，在现代社会中其影响仍然根深蒂固。诚然，儒教思想与韩国独特的居住空间构成有着深刻的渊源，促进其发展的是两班阶层。他们将儒教特别是"朱子学"视为教养，通过将生活规范化来把自己特殊化，形成独特的生活方式。据说在17世纪中叶，这种儒教的伦理思想通过两班层面渗透到社会。随着科举官僚机构的完善，儒教的伦理思想从统治阶层的两班逐渐普及到民间。

韩国儒教有自己的特征，基于韩国严格的社会身份制度、家庭制度，非常重礼节，奉为理想型的两班的生活规范中渗透了儒教思想。

2. 风水观

风水是从中国秦汉时代传承下来的巫术一派，是解读气的脉络，并在气经过的地方找出龙穴的地貌学。风水思想渗透到整个社会，是一种相信地气的作用发展为观察山脉、丘陵、水势等，并结合阴阳五行、方位，来选择吉祥的地点建造都城、住居、坟墓的地相学、宅相学、墓相学。在风水上称世人住居为阳宅，称墓地为阴宅。早在三国时代，风水理论就从中国传到朝鲜半岛，经过新罗时代（公元前57～935年）后期至高丽时代初期进一步整合，对韩国日常生活产生深远的影响。风水的基本原理是大地中有活跃的气流，这种气流与人体内血行一样沿着一定的脉络流向地中，在能收住气流，或气流集中的地方建造住宅、营造城市就会人丁兴旺、生意繁荣。若在那里设墓地家族就会人杰地灵、伟人辈出。家族墓地和聚落的布置、城市的形状对一个家族或个人的吉凶产生极大的影响。

解读这个气场（穴）中的脉络关系是详细观察地形的方法，加上方向、阴阳五行学说等，气沿着山脉流动，有风运行，也有逆风的情形，为防风、蓄气以及纯化，山的位置、形状很重要。此外水是聚气的，有着留住气的作用，因此风水是重要的要素。

所谓风水吉祥的地势就是背山面水、可以防风的地方，因此要发现聚气的场所就要周密观察周围的山形以及河流、湖水等，水面可以包围气体，可以阻止气从聚落逃走，也是必要的。韩国的聚落许多都是背山面水的场地。在韩国依靠地势判断凶吉，决定住宅的方位、形态至今依然具有很强的影响力。

韩国的住居正是在上述的儒教思想、风水思想的影响下发展了不同于中国、日本的独特居住文化。

3. 民族村——河回村

河回村位于韩国安东市郊外。2002年，韩国政府开始申报该村为世界文化遗产，它是韩国有代表性的传统民居村落。在朝鲜王朝时代，河回村人杰地灵，富有生气，在政界有实力的两班人才辈出。这个聚落的特点是地形，位于由洛东江环绕的半岛状地形先端部，除了东侧，三个方向呈碗状徐徐向河岸延伸。16世纪以后，丰山柳氏以及一起发展的氏族聚落，作为柳氏一族的宗庙命名为养真堂和忠孝堂，是典型的两班住宅（图3-16~图3-20），随着时光的流逝，围绕两个宗家的许多两班住宅虽逐渐与平民住宅混合在一起，但至今仍保留着王朝时代韩国聚落的形态。

图3-16　河回村养真堂（一）
（来源：参考文献［23］）

图3-17　河回村养真堂（二）
（来源：参考文献［23］）

二、两班的住宅

1. 男性空间和女性空间

韩国人的生活特别是两班的生活，遵循着严格的儒教规则。两班的男人不做家务，一切家务都由妇女承担。妇女不能出人头地，即使在家庭内部，男女空间也被严格区分，"舍郎栋"是男性的空间，"内房"是女性的空间。两班的住宅由中庭住宅与外庭住宅构成，舍郎栋背对着中庭，对外开放，是面对社会的空间。内房围绕着中庭建造，是内空间，原则上不允许男士进入内房。家的出入口也严格区分，男性从正门进入，女性从旁门进入（图3-21）。

此外，孩子们的起居场所也区分男女，到了一定的年龄，男子与家长一个房间，而女子与祖母一个房间或在祖母的长媳房间里起居。有的两班住宅让女孩离开内房，在别栋生活，以便让男女空间彻底分离。

图3-18　河回村忠孝堂
（来源：参考文献［23］）

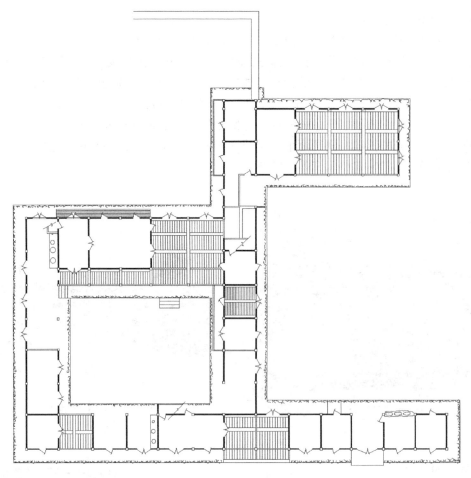

图 3 – 19　养真堂平面图

（来源：参考文献［23］）

舍郎栋的房间由家长分配，如有空余的房间分给长子一间，内房是女主人的房间，男主人的母亲一般住在面对中庭的"越房"，大厅内的越房是新婚夫妇的房间。

男主人在舍郎栋接待熟人、朋友，客人留宿时与主人使用同样的房间，女主人的客人一般在内房与女主人同餐同宿。像忠考堂那样的宗家留宿的客人很多，几乎没有空房的时候，如果举家团圆或举行庆典，只能使用内厅，也只有这时才允许男性客人进入内房。据忠考堂的宗家主人介绍，每年由男主人主持的各种仪式达十几次。除此之外，秋天的扫墓、正月的祠堂祭祖、新婚等仪式，宾客云集时还使用内庭操办。

2. 夏季与冬季空间的转换

韩国住宅的空间构成上另一个特征是，区分夏季空间和冬季空间。两班的住宅无论是舍郎栋还是内房都与大厅（半户外空间）组织在一起。大厅有屋顶，三面围合，面对中庭一侧没有门窗和墙，因而成为半户外空间，半户外型的大厅是韩国住宅的独特表现形式，在中国的四合院和日本的传统住居都没有类似空间。而且，这种半户外空间在两班住宅和平民住宅中都可以看到，只是规模上有大小之分。

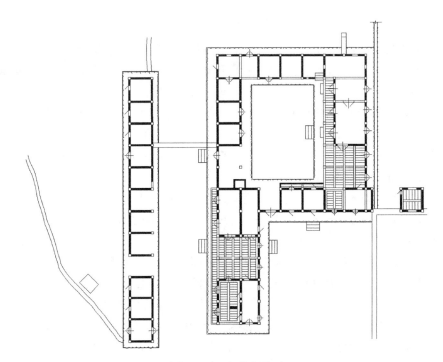

图 3-20 忠孝堂平面
(来源：参考文献 [23])

那么大厅如何使用呢？首先说明大厅以外的其他房间的空间特色。如图 3-21 所示，房间内部摆设简洁，不设大的开口，对外是封闭的，全是温突（地炕）采暖，用于冬天御寒。称作温突的独特取暖装置是朝鲜半岛住居的特征，包括最南端的济州岛在内的整个朝鲜半岛上都在使用。此外，内房旁边的厨房在炊事的同时，余热加热了地板下面的砖、石，通过地下烟道传入其他房间，由此来抵御韩国冬季的严寒。

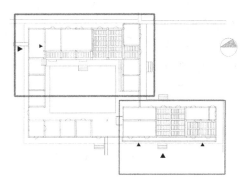

图 3-21 两班住宅平面
(来源：参考文献 [7], 33 页)

为了有效利用内房的温突热源——厨房的炉灶，厨房为素土地面。为了让余热通过内房的地下，一般厨房的地坪比内房低 70cm。炉灶是沿内房的墙设置，由于没有通往内房的室内送餐通道，餐饮必须经过院子送到内房——舍郎栋，从流线上看似乎很不合理。

中国东北使用的火炕与韩国的温突很相似，这种辐射式采暖方式传到韩国却没有传到日本，这始终是日本住居史上的一大疑点。

相应的，大厅是夏天的生活空间。白天，大厅是用餐和团圆的场所，到了夜晚吊起帐篷，女性多睡在这里。为了防止虫类接近，大厅前的内庭焚烧枯叶以烟驱虫。这种夏天和冬天使用不同房间是韩国传统住居的特点。可以看出，虽然韩国和日本同样有着进屋换鞋的习俗，但两国住宅在设计、空间划分和使用上却有着很大的差异。

3. 两班的生活

居住在上述的空间里的两班传统生活是这样的，主人早上 5：00 起床，然后洗脸、读书或者打扫舍郎栋，主人的妻子、长媳起得更早，4：00 左右就起床，孩子们也起得早，在主人妻子的安排下备早餐，长媳协助。其间，女性们给主人预备洗脸水，进行各种服侍，忠实于儒教的韩国两班的生活主角完全是男人，直接照料主人是长子的职责，打扫舍郎栋、将女性们准备好的茶水直接端给主人，进行周到的服务。

早上 7：00 吃早餐，在三餐中早餐比较重要。主人在舍郎栋用餐，长子侍候，其他家属在内房用餐，而且男女有别。

白天，主人在舍郎栋读书、写作、接待客人，长子在主人旁边或在学校读书。由于有科举制度，两班家庭对男孩的教育极为热心。各地子女受教育的私塾称为"书院"，女子读书的仅限于经济富裕的家庭。女性在内房从事编织、缝纫工作，接待女方客人。由于佣人多，所以没有那么多家务，主人的母亲常常在内房、大厅附近与女眷们玩牌、聊天。但是长媳在大家族中，家务十分繁重。早上的卫生分工是，长媳打扫室内，佣人们打扫中庭和房子周围。

午餐时间是在中午 12：30 ~ 13：00，地点与早餐用餐的房间相同。

购买东西时，佣人按照指定的物品在附近的市场购买，两班的女性亲自到市场买东西的情景几乎没有，洗衣也是佣人的工作，一般是在附近河边洗衣，村内有五六口共用的水井，此外，大户人家的宅内也有水井。

到了傍晚，家庭全体人员原则上是集中在内房吃饭，但在夏季用餐场所转移到内大厅。晚餐的时间是在日落后，根据季节的更替，用餐时间多少有些变化，餐后，家庭团圆继续在餐厅进行。

晚上，女性们常有夜宵，在内房的一角，然后在桌上点着油灯裁缝、做杂事，就寝时间不规则，有时会到深夜。

4. 房间的朝向

以防御为主的中国汉族典型的住居样式——四合院是中庭式的，其正房原则上是坐北朝南，而韩国住宅的方位是不确定的。韩国依靠风水决定建筑方位、进行布置，因此建筑有各种朝向。当然韩国人也认为朝南是最理想的，韩国有句谚语"三代积德，子孙方可住朝南的房子"。即便如此，韩国住宅的方位实际上也是以风水理论优先。

忠孝堂是朝西建造的，夏季的日照一直晒到大厅的内侧，十分炎热，晴天的傍晚几乎不能赤脚在晒热的地板上行走。舍郎栋主人的房间直接面西开窗，房间的温度直线上升，难以忍受。而长子的房间是内廊式的空间，夹在中间，比较舒适。尽管如此，主人的房间也没有采取诸如吊下竹帘子，以门户遮挡等防止西晒的措施。夏天时，几乎是每个时段在移动场所以躲避日晒。两班住宅由于是中庭住宅，一天当中总会有日阴的地方，而且到处都是门窗，夏季时敞开门窗，无论从哪个方向吹来的风，进入庭院后又穿堂而过，所以，夏季的白天只要不直接受阳光照射，大厅是凉爽舒适的场所。另外，两班的住宅是木结构的，虽然白天的日晒使建筑的各部分变热，但木头的热容量小，太阳落下不久建筑内温度就会很快降下来，这样就很少给生活带来影响，因此也不用那么拘泥于住宅的朝向方位。

忠孝堂朝西建造，河回村的冬季主风向是西风，与温突火口经过的烟道方向一致，所以火苗旺盛。当然，也偶然有朝东的住宅，但由于烟道通风不畅，因此生活质量不高。可见风水的原理严重制约了建筑的布置，风水的力量远远超越了居住性的要求。

三、聚落的布置

　　韩国传统的聚落是以背山面水为原则布置建筑，那么在口字形、（中庭型）丁字形、L形建筑当中，这个原则适用于哪个场所（房间）？建筑如何适用这个原则？房间又是如何适用这个原则？这些看来是由舍郎栋的朝向决定的。通过对聚落的调查得知，这个原则适用于内房的大厅，多数的住宅与内厅和舍郎栋大厅建在同一朝向。有的两班住宅由于地形的关系，把两个大厅建在同一朝向的直线上，这也是为了满足背山面水的原则，同时也说明韩国住宅最重要的空间是内厅。

　　但是，河回村是传统聚落中采用特殊建筑布置的聚落，聚落内的建筑都朝着不同的方向，相邻的建筑之间没有关系，这种状况在韩国也是罕见的，聚落入口处的指示牌也记录了这个事实，但没有说明原因（图3－22）。据当地风水博士的理论，这样的布置是源于

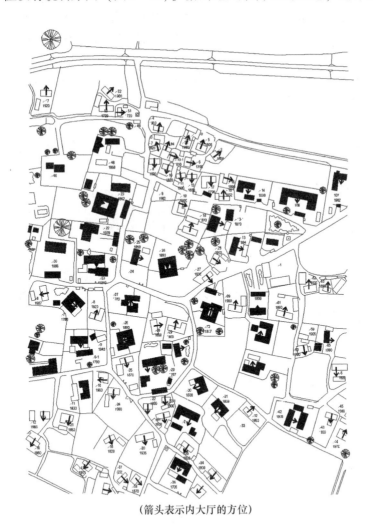

（箭头表示内大厅的方位）

图3－22　河回村的建筑配置图

（来源：参考文献 [7]，42页，韩国传统聚落调研，代表，东京工业大学 梅干野晁）

地势的不同。经过观察发现，河回村的建筑是沿着基地的微妙坡度建造的，建筑朝向与基地的坡度有很密切的关系。

河回村的地形呈碗状，周围有洛东江环绕，地形虽然简单，但是仔细观察就会发现整体上层层重叠，山谷交错。沿着河的方向而下的是复杂而微妙的地形，但倾斜角度很小，一般难以察觉。河回村人珍惜这种自然地形，尊重自然的坡度，不会为了让住宅朝南而把它推平，因此采用这种独特的布置。

养真堂、忠孝堂依照风水原理，选择在风水上有利的场所建造，一旦洛东江聚气，它们就有可能接受从那里流来的气。但是，其他两班、平民的住宅只能选择在风水上难以赋以明确说法的场所建造住宅。在这种情况下，他们只能沿着基地的坡度各自建造，因此形成了独特的聚落风景。

以上以两班的住宅为例对韩国的居住文化进行了剖析，可以看出韩国的住宅与中国汉族典型的住居——四合院的不同之处。两班住宅与中庭型的住宅虽有类似之处，但两者本质上完全不同，与日本进屋脱鞋的居住习惯虽有相同之处，但其构成原理也大相径庭。韩国住宅的特点归纳如下：

1）中庭型和外庭型的结合。儒教思想的空间化使得男女空间严格区分，男性空间——舍郎栋是外庭型，女性空间——内房是中庭型。

2）冬夏生活空间的转换。冬天居住在有温突的房间，夏天居住在大厅。

3）重视风水，风水原理严重制约住宅的方位，风水理论不适用时，重视基地的坡度，沿坡建房。

4）内大厅是最重要的空间。

中国四合院的正房是朝南的，同样是以风水为基调，却和韩国的住居不一样。本间博文教授认为，中国是以"防"（防御）为主，日本是以"转"（舞台转换）为主，而韩国是以"气"（风水）为主，在住宅的本质上是不同的。

中、日、韩三国之间虽然自古以来就以中国文化圈为中心进行频繁的文化交流，但是住宅承载着各自的生活文化，所以在本质和表现上是如此不同。另外，在其他的方面，如生活习惯和民族感情上也不尽相同，因此不能一说传统的中国文化圈，就过分强调同质性。

思考题：

1. 儒教思想对韩国住居空间的影响如何表现？
2. 韩国住居在空间上如何进行夏季和冬季的转换？
3. 中、日、韩三国的住居空间有着怎样的异同性？

第四节 泰国阿卡族的高床式住居

位于泰国北部山区热带深草原的阿卡（Akha）族住居是火田游民的居住形态，其住居和生活都依附于自然环境，留下了原始美术般的痕迹，其地域文化反映了世界观和社会背景，值得我们学习的地方很多。

位于泰国最北部的秋兰县居住着许多山民，其中半数（约 27 万人）是从缅甸移民过来的，历史超过千年，其他山民几乎都是来自中国。每当战争或政变发生，他们都寻求新的生存地，逐渐南下，尤其在 20 世纪后半叶，他们更是加快南下的步伐，其中有一部分阿卡族是从中国云南省经缅甸来到泰国领地的。由于缅甸政局不稳，阿卡族的南下至今仍在继续，泰国政府适时推行固化政策，劝诱山民定居。

一、阿卡族的居住文化和精神世界

阿卡族山民以雨季旱稻的种植为生，口头传承文化。村落由父系家族的 20～40 户人家组成，实行彻底的劳动互酬制以维持着封闭的微型社会。这种同宗同族的聚落互相攀亲，以家庭为单位往来。各自分别履行自己聚落的仪式和祭祀，并不向往民族的同化。在现代化的进程中，阿卡族有的也与泰国社会同化，与异民族联姻或协作进行赖以生存的雨季稻作，但民族间的关系基本上是淡漠的，各民族自成一体，守护着他们自己固有的世界观。

阿卡族认为每个人都是世界的造物主，是超自然存在的子孙。传统的系谱证明了这点，这个系谱从天界所有的造物主开始，以下以 AB、BC、CD、DE 的形式将上代（父亲）名字的一部分传给下一代（子女），即所谓的父子连名延续至今。系谱对阿卡族来说是保证自己身世的重要的证明，其中有连续 60 代的。系谱末端的夫妇和孩子组成共同体（家庭）进行祭祀祖先，从事农耕作业。

阿卡族山民用神灵解释自然界的现象，认为邪恶的背后可以发现恶灵，即所谓泛灵论。在这种观念的支配下，他们把居住的聚落、火田耕作的农田都看作是从神灵那借来的空间。村里有负责祭祀的"役者"，有负责人生的"役者"，还有驱除病魔的"役者"，他们都被阿卡族山民看成是与泛灵世界沟通的圣者，就连冶金锻造技术人员也被认为与泛灵世界有着密切的工作关系。

二、火田游民一年的生活节奏

火田游民对总结成果，祈愿来年丰产的生活周期意识很强。在雨水与土质对收获产生巨大影响的自然条件下，很难制定长远的计划。由于土地贫瘠，第二年就要更换农田。即便实行"轮作法"，通常只能维持 3 年。这就牵涉到聚落的搬迁，待土地恢复生长力后再搬回来，通常一个周期为二十几年，甚至更长。火田游民过着这种漂泊不定的流动生活。

图 3-23 描绘了阿卡族一年的生活周期。他们种植旱稻只限定在半年的雨季。生活节奏是首先将一年分为雨季和旱季，即上半年和下半年，再将雨季和旱季分别分成前半期和后半期。雨季的前半期从插秧到吐穗是较长的农耕期，是投入农耕仪式的季节；后半期天气不稳定，期待着稻穗渐次发育，待到吐穗时阿卡族为祈祷丰收和丰产（子孙繁荣），过当地传统的节日——秋千节。而旱季以阴历正月为界，分为前半期和后半期，前半期收割结束，从繁忙的农业中解放出来，是一年中最放松、最快乐的时期，因此，节日、婚礼庆典等人生仪礼都集中在这个时候操办。后半期开始进行新年的农业准备，合作互助进行房屋的维修、拆建。临近雨季前修建聚落的门，建造森林精灵的祠，供奉食物，静候雨季的

到来。即便聚落不搬迁，聚落的门、祠等也限定在每年这个时候重新修建。图 3 - 23 中 *a* 为旱稻的生长期，*b* 为旱稻的收获期，*c* 为农闲期，*d* 为农耕的准备期。

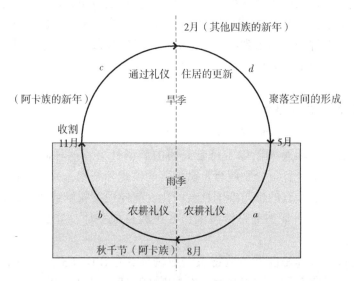

图 3 - 23　火田农业规定的生活季节变动的节奏

（来源：参考文献 [7]，183 页）

三、从住居的特点和建造上看环境共生的形式

　　阿卡族的住房如图 3 - 24 所示，多为高床式，山字形的大屋顶把空间构成相同的男性空间和女性空间都严实地覆盖在内。各户拥有露台、土间（素土地面）、床上（高出一阶的座位）。土间内设有地炉，端部分别设有与露台相连的出入口，男女都使用这个出入口往来于户内外。露台也有带屋顶的。男性一侧的露台较大，用来接待客人。室内的中央以低矮的隔墙为界，划分男女空间，左右对称布局。白天，大家族在正房起居。允许在正房地板上睡觉的仅限于家长夫妇和幼童，年轻夫妇只能睡在宅内修建的粗糙小屋内，男孩睡在宅内米仓内。平分的男女空间的正房也是节日、婚礼的舞台，是家的象征。

　　阿卡族的住房使用稻科属的杂草和竹子建成，这种杂草和竹子的特点是根茎发达，烧田后仍能生长。到了翻修的季节，阿卡族割下竹子和最初长出的杂草，用作建筑材料，并由妇女收集起来，作开工的准备，然后全

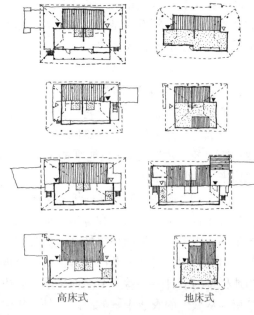

高床式　　　　　地床式

图 3 - 24　阿卡族住居平面的实例

（来源：参考文献 [6]，24 页）

村的男人连续施工3天，建造可使用3～5年的房屋，男人们通过这种造屋作业的反复，自然而然地掌握了建造的技术。竣工后业主为了报答村民，要举行三天的"造屋节"，大摆宴席。这不仅是节日，也是构筑人们相互信赖关系的手段。

四、聚落的区位特性

阿卡族以丘陵为中心建造比较密集的聚落，与其他山民相比，境界的意识强是村落建设的特点。图3-25将阿卡族聚落空间模式化，村落周围的坡地保留森林，村落的入口限定2～3个，森林和聚落的上空为精灵的世界，人类居住的聚落空间从自然剥离开来。各入口建有牌楼式的门，门以及周围装饰的辟邪的手工艺品面向森林摆放，示意与精灵世界的界限。为了表示这里是人居住的世界，在位于山脊路的主要门的外侧象征性地附以一对男女木雕，在森林入口建有供奉土地灵的祠。门和祠的修建仪式，每年由负责祭祀的首领带领山民在雨季到来之前进行。这些仪式告知人们每年的旱稻种植在阿卡族的生活中占有何等重要的位置，而且还加深人们对一年初始的印象，凝聚人际关系。

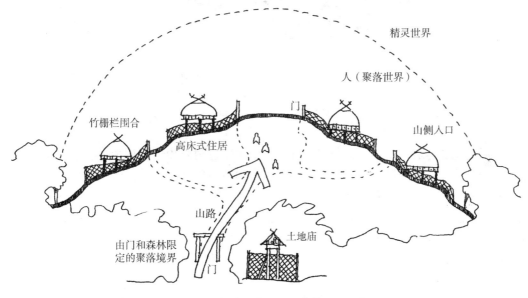

图3-25　阿卡族聚落选址和聚落空间的模式

（来源：参考文献［6］，26页）

另外，聚落的建造是有着一定法则的。顶部为广场，从广场到山谷的道路为主干道，并绕广场一周，主干道主要布置负责各项工作的首领和长老的住宅。若户数多，排列不开时，以支路分开，山坡周围点缀着房屋。阿卡族有饲养家畜、家禽的习俗，房屋周围都用竹篱笆环绕，形成住宅的边界。阿卡族有着强烈的边界意识，在聚落和房屋的营建上有着相同之处，反映了泰国山民的特点（图3-26）。

住宅的门以及由它所导向的通路设在山中，宅院内除了正房还有米仓，年轻夫妇的小房间以及柴房都通过通路与男性的露台相连。正房在不破坏排水的情况下取土平整地面，减小坡度，同时可以把地下作为雨季时期的家庭作坊。正房以及宅院内的米仓和小房间都是结合等高线布置。因此正房的平面经常是土间（不铺地板的附属房间）朝向山脉，床上（铺地板的居室）朝向山谷，宅门朝向山间道路。

图 3–26　转移第 7 年 A 村聚落图

1—门；2—锻冶场；3—广场；4—谷；5—对象住居的位置；6—揭示板

（来源：参考文献 [7]，184 页）

房屋的建造有着一定顺序，正房建好后，依次建造附属用房，如米仓、小房间、家禽小屋、柴房等。按照规则，以正房为中心，米仓建在男性空间一侧，居住用小房间建在女性空间一侧。居住小房间若有多个，就以序列配置，离正房越远，越向斜坡的下方规格越低。柴房建在男性空间一侧，家禽小屋设在正房的地下至女性空间一侧。可以看出房屋的排列是与生产和功能的需要相对应的。基地的边界由粗竹子编制的围墙明确地界定。

综上所述，聚落空间的布置有着明确的规则，其范围涉及到聚落的脉络——道路的决定方式、正房的土间和床上的方位、细部的设计等，所以要预先对建造聚落的方式与山坡的关系有一个共识，再结合山的形状进行构思，从而按照顺序将理想的空间具体地描绘出来。

在选择基地环境——山坡的瞬间就决定了聚落的脉络，因为山民心中都有统一的聚落形象。在雨季到来之前的有限时间内就完成聚落的建造，体现了火田游民的智慧，同时也表现了阿卡族的世界观。

阿卡族的住居由于移动频繁，所以只使用稻科属的杂草和竹子建造。工艺简单，适合于工期短的游民住宅，而且自然材料取之不尽，废弃后可以还原土地。倘若使用木材，不仅建筑时间长，木材所具有的耐久性会成为移动时的累赘，因此杂草和竹子对游民来说是最合适的建筑材料（图 3–27、图 3–28）。

图 3-27　阿卡族聚落
（来源：参考文献［12］，180 页）

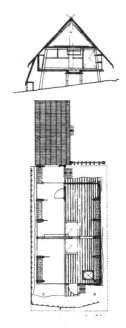

图 3-28　阿卡族住居主屋
剖面、平面

（来源：参考文献［12］，180 页）

五、住居的形态和居住方式

　　阿卡族的住居十分简单，高床住居的造型是船的形式。家庭内部分成几乎同样大小的两个空间，男性空间和女性空间，每个房间都有带有炉灶的就餐和就寝部分。男女房间可以互相往来，但是基本上是以男女各自的房间为主进行生活。男性房间就寝部分装饰有鹿、野猪等额骨，而女性房间在同样地方有祭祀祖先的祭坛，播种用的稻种等。祭坛上每年增添新收获的稻穗，农耕时节祭祀祖先。对阿卡族来说，女性房间的祭坛是联系过去与现在的接点，与系谱有同样的价值，是人和灵共存的世界。

　　阿卡族是以家长为中心的父系大家庭，据调查，某村的"役者"家有 22 口人，白天全在正房度过，没有性别意识而划分男女空间使用的情况，在男主人的客人公事来访时，妇女孩子们就离开，这样的生活方式印证了其空间构成原理。与长老们一起三代同堂居住的家庭在就餐时男女分开的例子也很多。男女分开用餐时，一般是在土间放置低矮的小饭桌摆上饭菜，男性蹲坐在周围用餐，餐后将剩下的饭菜连同小饭桌搬到女性空间，妇女儿童开始用餐。

　　男女严密区分的空间使用方式主要表现在夜间就寝。作为家长夫妇的男女空间分开，妇女与孙子辈的未婚女性、孩子们一起就寝。另外，长子夫妇和孩子们在上方小屋，次子夫妇和孩子们在下方小屋就寝，男孩在米仓备有床位。另外，为了保护乳儿不受恶灵的侵扰，规定 10 个月以内的乳儿可以和母亲一起睡在女性空间，类似习俗还有不少。这些男女有别使用正房的方法不仅体现在日常生活中，还表现在礼仪庆典上。有着山形大屋顶的正房在村里强调家的存在，同时期待着精灵的庇护，这也体现着阿卡族的世界观。

思考题：

1. 阿卡族聚落空间建造的规则是什么？空间序列是怎样形成的？
2. 阿卡族聚落在男女空间的划分上有什么特色？
3. 居住方式与空间构成原理有着怎样的对应关系？

第五节　马来西亚达雅克族的长屋住居

在东南亚各地可以看到长屋（Long huose）式集合住宅聚落，在马来西亚东部的沙捞越州（马来西亚最大的州）至今仍有许多土著民——达雅克族居住在该州中部森林的长屋中，他们认为长屋是天经地义的居住形式，独立住宅只限于城市周围的开发地区。居住在共同体载体——长屋内的达雅克族一般分海上和陆地两支。前者居住在马来西亚与印尼交界处附近，居住区域离首都很近，由于河流较少，道路发展快，因此生活迅速现代化；后者人口密集，交通手段只有小艇，属内地未开发区域。海上达雅克是伊班（Iban）族的别称。

长屋的形态基本是高床式的长屋形态，由于民族、地域的不同有所不同，一栋一村为一般形式，也有数栋一村的，长屋长度各式各样，但是，居住空间的构成极单纯而明快。

森林采伐企业行为给这里注入了现代社会的气息，一时的高收入改变了建造长屋传统的材料，圆木被玻璃和板材所取代（图3-29）。

一、达雅克族的居住文化和精神世界

第二次世界大战前，达雅克族与其他东南亚岛屿的土著民一样信仰泛灵论。战后，由于基督教的传播，民族文化迅速丧失，如今，基督教会在沙捞越州的土著民中发展，泛灵论的再崛起已举步维艰。

由于陆上和海上的地理环境不同，赖以生存的职业也不同。陆上属河流的上游山地，以自给自足的火田农业和原始森林的采集以及狩猎为生，形成封闭的社会。马来西亚作为联邦独立后，森林的火田农业转向定居农业，大米、蔬菜自给自足，本来农业比重就高的陆上很容易转向农田耕作。而海上沿河居住的达雅克族除了农业、采集、狩猎外，还经营渔业，依靠水量丰富的河川积极地进行贸易运作。由于与河流的关系以及对船的依存度不同给双方职业文化带来了差异。

长屋都是沿河建造，船以及收纳船的空间是必备的，因为某些仪式，比如葬礼，家人只能用自家的船只将遗体运到墓地，而不能租用别人的船。另外，在称作"盖瓦伊"[1]节日中，海上的居民为让神灵在梦中显现，各家天井上都吊着装有供品的容器，这个容器也是船形的，外表绘有他们信仰的鸟、孔雀的羽毛图案等，祈愿鸟把供品送到神灵那里去。

---

[1]　音译，相当于中国的春节

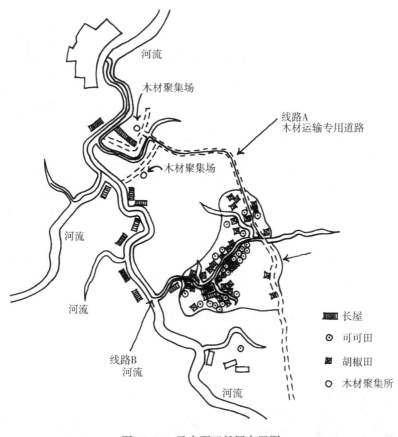

图 3-29　马来西亚长屋布置图

(来源：参考文献 [7]，194 页)

二、达雅克族的社会结构和长屋

达雅克族为双系社会结构，他们认为男女都被社会所需要，因此看不到父系社会偏重男子的现象。家产平分给儿女，不论男女，还要为未来的亲戚（配偶）留出一份。

年轻人结婚后，不断地生育，长子与末子（最小的孩子）的年龄往往相差很多。按照从大到小的顺序，男婚女嫁，剩下的孩子照顾父母，自然就继承了家产。

长屋的居民不指望形成亲族社会，只要赞成共同体酋长、楼长的意见就可以参加长屋的建设。施工时以楼长的住房为中心，依据家族的实力两边依次排列着住宅，再根据各家不同的状况，通过变换开间的尺寸，建造适当规模的住宅，基本上是一户一栋，几乎同时开工。架设屋顶，有了外墙（分户墙）后就可以一边居住一边施工。由于每个家庭经济实力大不一样，位于端部的住房 10 年以上还未完成的也有。家庭分户增加新户时，经过楼长的许可，可在端部增建房屋（图 3-30、图 3-31）。

伊班族社会的基本单位是 bilek 家族，3~10 人组成的小规模自律的单位，一家一对夫妇和孩子组成的直系家族。没有长幼的区分，是双系社会的典型特征。

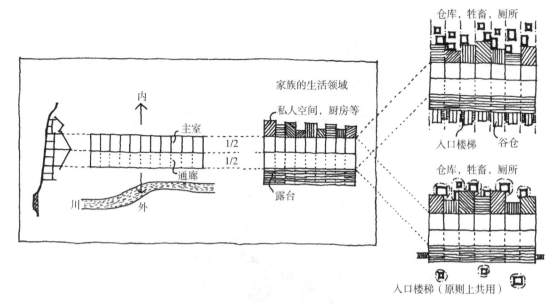

图3-30 达雅克族长屋空间构成法

（来源：参考文献［7］，198页）

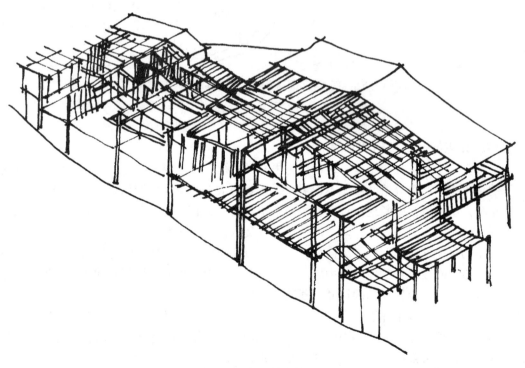

图3-31 长屋结构轴测图

（来源：参考文献［7］，201页）

　　住居主要包括正面的露台、大屋顶下的通廊、住宅单元的主室，以及位于主室内侧供家族使用的私人空间。前三者的剖面形状都是一样的，这也是这种住居的一个特点，而每个住宅的私人空间就有相当大的差异，如图 3 - 32 所示。伊班族长屋的私人空间暴露在外部，不同的私人空间导致屋顶架构方式的不同。

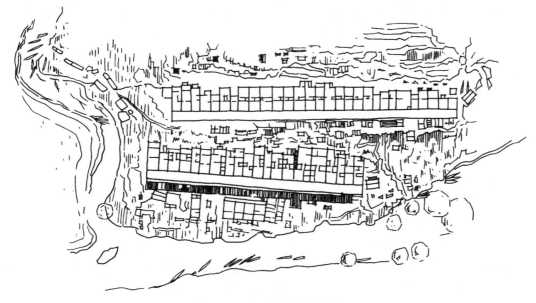

图 3 - 32　伊班族长屋的总图

（来源：参考文献 [7]，196 页）

各住居基本上是三个层次的空间构成，即公共性高的户外空间，半公共的屋内没有隔断也可以用作通道的空间，以及各家族专用的墙分割的空间，在各户的专用空间中，居住部分与厨房水系部分分开。

包括正面空间在内的住居单元空间构成在河上方和河下方虽然不同，却是同质的。大屋顶下共用的通廊和主室布局紧凑，空间分为共用部分和家族私用部分，长屋的意义象征地被表达出来。通廊虽然是共用空间，但白天往往兼作住居的居室功能，比起主室来白天大量时间在通廊度过的情况很多，因为主室作为生活据点光线比较阴暗，因此平时通廊承担了住户的家居生活的功能。通廊部分是各家庭可以自由通行的空间，也是集合、举行礼仪、节事的场所，还是农作物加工等的作业场所。

同时通廊还起到了发现和识别外来者的功能，外来者先在长屋整体的视线下被辨认，最后阶段才到主室，这个过程潜藏着被接待或被拒绝的层次体系。通廊是联系户外空间到户内空间的通路，其上部的阁楼可以收纳收获的粮食，架有梯子。

通廊不仅是通路，也是全体居住者放松休息的场所，还可以用来接待客人，更是礼仪、祭祀以及宴会的场所。主室可以用作家族休息、招待客人，也可以用于家族的仪式、家宴。两个空间分别象征着全体居住者和家族的集团容器，同时在接纳外来者上有着面对社会的共同点，因此也可以把它看作是一个结构体系，对居住在长屋的达雅克人来说空间的形起到了规定他们相互交往以及家族的生活方式的作用。以大屋顶为界限，正面有开放的露台，内侧伴有家族使用的私密的、参差不齐的领域，整体构成是公私分明的。

三、从节日看通廊的意义和共同性

6月初的盖瓦伊节日，对达雅克人来说相当于中国的新年，有隆重的节日庆典活动，这个仪式是以家庭为单位举行的，其构成要素比起共同体家庭更受到重视，是解读长屋共同性的钥匙。依据泛灵论规定，盖瓦伊节日庆典仪式应是在家庭内部举行的，但实际上大多居民并不在家庭举行，而是都搬到了主室前的共用通廊上，整个住户向着长屋的通廊展开仪式，主室以及后面家属使用的空间都变成了准备仪式的后台。虽然说盖瓦伊节日庆典仪式是以各家庭为主举行的，但却与共同体有着不可分割的关系。不举行仪式的家庭，也在通廊上摆上自己家酿造的酒和酒杯，等待客人的来访。仪式上有一边挥刀斩恶魔一边在通廊上往来的人群。这时各家都在自己设置与邻居的边界线上拉着红绳子等待被刀切断，这时让人感到通廊是各家空间构成的一部分。

因此，通廊发挥的作用是让"个"的存在借助严肃的仪式场面在集团中得到确认，提示长屋的共同性。礼仪的主持人是以楼长为首的、住在中央部的实力者们，他们不仅是居民，还要招待远道而来的巫术师和众多客人，杀鸡宰猪款待他们，据说一次就要花费男子一年的收入（供奉神灵：猪13头，鸡36只，鸡蛋2500个）。客人们不仅接连数日大吃大喝，还要带着厚礼满载而归。

盛大的仪式是他们人生价值的体现，通廊和露台就是仪式的舞台，仪式花费了居住者大量钱财，但对共同体秩序的再生、强化相互联系发挥着不可估量的作用。

四、动态的共同体住居——长屋

长屋的建造是从楼长的家开始的，作为房屋骨架的六根柱子由全村的人搭建，中央的两根柱子决定长屋的高度，同理，与前方柱子的柱距决定了通廊的面宽，与后方柱子的柱距是主室的进深。因此长屋的进深和尺寸在楼长的房屋上梁的同时就决定了。上梁后，基本上按照各家的实力大小的顺序在两侧再立起三根柱子，并架起同样高度的梁，然后附加单元。因为家庭人员构成决定面宽尺寸，所以各家根据劳动力人数，按必要的规模建房。然后依次装上屋顶、外墙（户界墙），并施工。由于每家的劳力有差别，楼长的房屋所在的中央部与端部的工程进度有很大的差别，而且端部只要有增建的土地就有增加新分户的可能。因此长屋整体看上去总是处于未完成状态。

思考题：

1. 宗教信仰与空间构成有着怎样的关系？
2. 社会结构与长屋建造有着怎样的关系？
3. 通廊的功能和意义有哪些？

第六节　菲律宾吕宋岛山民的住居

紧贴大地建造的住居不同于远离地气的住居。由于土的热容量高，以此为建筑材料的住宅不易受外界温度变化影响，是保温性强的空间，而且容易建造，适合于寒冷地区。然而由于湿度的原因，紧贴大地的住居易受动物和昆虫的侵扰，为了解决这些问题就要建造离开地面的建筑。前者称"地床"住居，后者称"高床"住居。依自然条件，某些地方适合建造"地床"住居，某些地方适合建造"高床"住居。但是在东亚、东南亚两种住居形式都有可能，且很难分出优劣，那么那些地方又是如何决定住居的形式呢？思考这个问题时，先看看"高床"与"地床"混合建造的实例是最有说服力的。本章列举的菲律宾吕宋岛北部的山岳地带就属于这类地方。

一、梯田环绕的聚落

梯田就是为在山岳地带进行水稻耕作或芋头栽培而建造的有立体层次的田地。吕宋岛北部的科尔迪莱拉山脉层层梯田连绵起伏，颇为壮观，于1995年被收录为世界文化遗产，并于2001年被列入濒临危机的世界文化遗产名册。邦多克族是建造梯田的民族之一，以高山州邦多克街为中心分布。邦多克街原本是邦多克族古老聚落的遗址，现在是高山州的厅政府所在地。距中心区10km的西北方，标高1300m的农村地带，以马里坤村为中心，分布有邦多克族的聚落和住居（图3-33）。

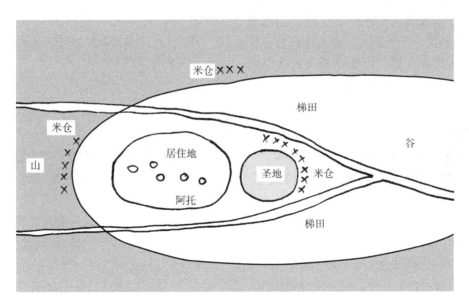

图3-33 马里坤村的构成

(来源：参考文献 [7]，165页)

马里坤村周围是梯田，这些田地建在陡峭的坡地上，层间高差4~5m，因此不经过尽头狭窄的洼路就无法到达村庄。

聚落的周围没有特殊的构筑物，但是与水田有明确的界限。村里每逢节日庆典，禁止外来人进入聚落，也不准村里人出去。这时，村庄的入口立有用芭茅做的标志，或用牌坊状的拦路标志标示，以强化界限意识。居住区东侧呈隆起的山坡状，主要有繁茂的大松树，那里是称为"啪啪台"的祭祀圣地，虽看不到特别的构筑物，却是举行祭祀的重要空间。邦多克族居住区的附近至少要有一个这种圣地。在圣地周围、水田和山的交界附近建有米仓，这些米仓群不仅居住区内有，水田的周围也有，是出于村里发生火灾时保护仓库的考虑。居住区内部，住居和猪圈混杂，猪圈是由石墙围合的空间与一部分架设屋顶的小屋构成的。通常一个猪圈饲养一头猪，猪食人粪，所以猪圈也是厕所，这是在亚洲普遍见到的现象。住居有几种形式构成，据1981年统计，马里坤村有传统住居43栋，仅占总数的1/3，其他是使用镀锌钢板的屋顶和墙，结构上与传统住居完全不同。村里建造了几处从山里引水的简易水道，作为共同的水源。在居住区中有称作"阿托"的男性集会所，是石材铺地、楼高较低的开放空间（图3-34）。马里坤村有五个集会所，各村情况不同，数量也不一样。在过去聚落纷争激烈时代，"阿托"作为村里的战斗集团单位，各种集会、仪式都在这里举行，这里也是社交和接待客人的场所。男人的编笼子工作也在"阿托"进行，年轻人看着年长者工作，耳濡目染学习技术。在传统的社会中，村里的男子在婚前居住在"阿托"里，就像今天的邦多克街学校的宿舍；而女子就寝在称作"奥锣鼓"的闺房里，"奥锣鼓"的外观与一般的住居没有区别。作为邦多克族的传统建筑还有建在山上的祭祀小屋、甘蔗小屋等。

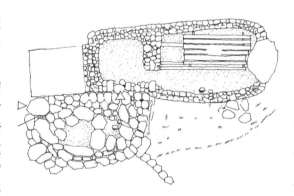

图3-34　男性集会所（阿托）平面
（来源：参考文献［7］，168页）

二、隐蔽的高床

1954～1963年，曾在此居住的传教士W.H.斯考特研究了在科尔迪莱拉山脉居住的山民文化，写出了传统民居多样性的报告。斯考特描述的邦多克族住居是地床式的住居，内部立有四根柱子，再建造高床式二层部分。外观上看上去就像是地床的茅草房屋，看不出内部隐藏的高床结构。隐蔽在深檐下的外墙高度只有1m，其上部是开放的。其内部被烟熏黑了的高床吊设在幽暗的室内中央。邦多克族的典型住居广为人知的是这种"地床"和"高床"的两意性，是不可思议的设计。

有这种特色的住居，在马里坤村称作"菲那鲁伊"（图3-35），截至1981年，全村"菲那鲁伊"住居剩有11栋。这种住居入口有平开门，有的把仿人头式的造型装饰在板门上部。入口的右侧是捣米场，放有木制或石制的臼。邦多克族在稻穗收割后，先不脱粒，而是将其捆起来放在米仓内保存，通常只是将当天所需要的量进行脱粒。捣米场内部由约70cm高的间壁墙隔出一个厨房，炉灶周围放有石头，上部设有火棚，间隔墙附近可以采暖的地方也可以作为就寝的场所。厨房里面是由木板墙和木质天井围合的称为"科罗布"的空间。装有出入用的小板门，进入时要弓着腰或爬进去，除了小孩外，在里面身体很难站直，这里作为卧室和储藏空间使用。与其说是房间倒不如说是一个箱子，但是在外墙上部开放的"菲那鲁伊"，为保护私密、躲避冬季寒气这里是必要空间。房间的左侧放有装米的箱子，由于主要的米仓离居住地较远，所以住居内也有储米场所，室内靠近入口的左侧抬高50cm，可以用于休息、睡卧。虽然屋里的地面铺有木板，却不是席地坐卧，而是采用蹲姿或坐在低矮的板凳上（图 3 – 36 ~ 图 3 – 38）。

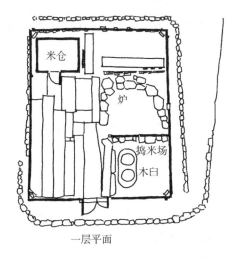

图 3 – 35　菲那鲁伊型住居

（来源：参考文献 ［7］，170 页）

图 3 – 36　多邦克族住居

（来源：参考文献 ［12］，128 页）

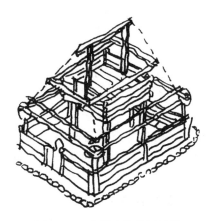

图 3 – 37　多邦克族住居架构　　　　图 3 – 38　多邦克族住居剖面

（来源：参考文献 ［12］，145 页）　　　（来源：参考文献 ［12］，145 页）

二层是储藏空间，那里放有米、酒，借助梯子上下。邦多克族住居之所以建两层，是为了防鼠，仔细观察就会发现外围柱子上部支撑着屋檐上的檩条，高床上的梁不易看到，挂有板子，具有防鼠的功能。二层储藏空间由于受到炉灶的烟熏，一般不会被使用，但在保管食物方面却是非常好的有效空间。

建筑材料都是天然的，建房前要用四天的时间进行木料的筹备，木工的作业重点几乎都倾注在二层部分的加工。在二层往往挂有两个小笼子，在入居前举行的仪式时，司仪念着祭文，将猪肝和米酒装进这两个笼子里，在以后每年的新年仪式中也都要使用这两个笼子。因此，高床部分不单作为储备室使用，也是为了满足仪式的需要，发挥着重要的作用。

三、住居的源流

马里坤村除了"菲那鲁伊"型的住居外，还有其他形式的住居，截至 1981 年有更简易的住居"科洛布"型 18 栋；内部虽有四根柱子却没有架设高床的"利尼娜娃"型 10 栋；这些都是地床住居。此外还有由柱子支撑整个地板的完全高床住居的"萨万"型 4 栋，据说萨万型是 20 世纪 50~60 年代从马里坤村以北的村引进的形式。

马里坤村原有的"菲那鲁伊"传统的住居形式，在附近村庄至今还有一些遗存，只是二层进一步发展了，二层放有炉灶，有的还在屋顶开了天窗。

同样位于高山州的萨嘎达（Sagada）族住居有着同邦多克族"菲那鲁伊"型住宅类似的模式，二层用于储藏大米，做成穹隆状的天井。萨嘎达族与邦多克族一样，也把米仓放在住居外面，为了方便又把住居完全建成米仓形式。聚落内的米仓形式 99% 都是一样的，规范具有较强的约束力。进而，米仓与住居有着密切的关系。传统住居称为"伊纳亚"（Inayan），与米仓的意思相近。带有遮阳的米仓，与传统的住居平面和结构酷似，但是对其的使用两者形成鲜明的对照。首先米仓必须远离住宅布置，禁止在米仓中留宿。米仓是似是而非的住居，又是老人和未婚男子的作业小屋。

除了属于异质系统的萨万型高床住居外，以上列举的一系列住居形式表明了连续的变化过程，一个聚落内有多种住居形式存在，归结于高级住宅不易建造。人的一生频繁翻修住居，努力改善环境，以获得质量高一些的住居是人之常情。德国动物学者 E. H. 海格尔说过："个体发生是来自系统发生的反复。"如果把个人住居变化看作是个体发生过程的话，那么邦多克族住居是经过历史演变而来的。

但是应该指出，位于高山州以南的伊富高（Ifugao）族，虽然是与之相邻的民族，有许多地方却与邦多克族差异很大。邦多克族建造集聚村，而伊富高族更倾向于散聚村，在广阔的山谷中层层梯田点缀着住居，构成独特的景观。住居与邦多克族地床住居形态不同，伊富高族是以高床住居为原则的，W. H. 斯考特把伊富高族的高床形式看作是原形，他认为在北方地床住居发展的结果产生了包含高床结构的地床住居这种不可思议的建筑。

从以地床住居为主流的邦多克族来看，像考察聚落内住居形式的变迁那样，先有地床住居，小阁楼空间是用于储藏大米的场所，逐步进化为米仓是顺理成章的推理，从这个观点来看，伊富高族的住居是由仓库建筑转化而来的，事实上伊富高族的住居阁楼的确是大米的收藏场所，伊富高族建造的专用米仓与住居形式如出一辙。而邦多克族在一层及梯田周围都有米仓，因此没有必要在住居内再设大米收藏场所，阁楼没有必要向萨嘎达族那样完全变成米仓（图3-39）。

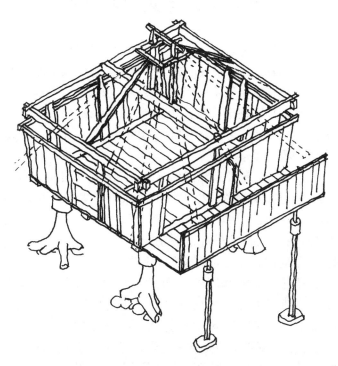

图3-39　伊富高族住居的高床结构

（来源：参考文献 [12]，145 页）

当然对一个地域的聚落考察并不能以偏概全说明一切，只有通过多个高床化的个案比较才能得出可信度高的结论。

思考题：

1. 高床住居与地床住居的产生各自有着怎样的风土和背景？
2. 高床住居与地床住居如何进行功能分区？
3. 为什么把个人住居变化比作个体发生过程？

第七节　印尼尼亚斯岛的住居

赤道附近的热带雨林，植物生长茂盛、树木种类繁多，这一特点与北部泰加森林到处都是同一树种的情形形成鲜明的对照。这里作为居住地，自然地形、地貌丰富，可以利用的木材多种多样，因此居住形态蕴藏着多种可能性。但是在热带雨林中，还是经常可以看到同一类型的住居整齐划一的聚落。本节将介绍表现这种鲜明规律性的聚落实例——印尼尼亚斯岛南部的住居与聚落。

一、巴欧玛塔卢村的诞生

在东南亚，过去巨石文明发达的地方不少，其中尼亚斯岛住居、聚落表现了特异的形态。

尼亚斯岛是苏门答腊岛西部诸多岛屿之一，面积约 4772km²。整体呈台地状的火山岛形态。苏门答腊岛东侧的森达海在冰河时代是陆地，岸边滩浅浪静。生活在船上的渔民沿着海岸线建造了许多高床住居。但是西侧的印度洋风浪大，航海都危险，因而也就没人在海岸线上建造住居。尼亚斯岛内陆部分是山岳地带，山脉最高峰的标高为 886m，被热带雨林、二次林所覆盖，特别是南部是树林繁茂的世界。因此在沿着外敌难以入侵的山腹部和山顶建造了数千人规模的聚落。

尼亚斯岛在语言学上分北尼亚斯和南尼亚斯，两者在住居和聚落形态上有所不同，北尼亚斯为卵形住居，南尼亚斯聚落是以山墙面为入口密集排列的形态。南尼亚斯岛是长120m，面积约 40km² 的台地岛，地形和自然都是孤立的，基本没有受到印度教和伊斯兰教的影响。17 世纪即 1825 年荷兰开始对该岛进行武装统治，但是与不攻自破的北部不同，南尼亚斯岛的诸聚落如同固若金汤的城寨难以攻破。

1856 年荷兰人在尼亚斯附近海湾建立了城堡，今天那里作为冲浪胜地驰名世界。后来经历了无数次的回合，荷兰人终于在 1863 年攻破了南尼亚斯据点聚落欧拉西丽村。但是原居民在欧姆（Omo）首领的带领下已经逃离聚落。聚落中心耸立着头人的住宅——大房子（欧茂·色布亚），在尼亚斯岛也是惟一的规模宏大的建筑。这个巨大且独具特色的建筑象征着勇猛的尼亚斯士兵的综合形象。荷兰军队认为不毁掉它就无法维护荷兰政权，便焚烧了这个大房子。

后来国王又在可以俯视欧拉西丽村遗址的山丘上开始重建新聚落。直至 1878 年，才复原了头人的大房子，外立面带有斜撑的高床式住居并然有序地沿街排列。现在这种有大房子以及保持集会所原貌的聚落屈指可数。下面以该村为中心，考察一下尼亚斯聚落和住居的特色。

二、前后分离的居住空间

住居的架构特征是基础部使用的粗大的斜撑，这是尼亚斯住居的特点，也有抗震的功能。处于多地震带的南尼亚斯，为加固支撑高床住居的柱子，把几乎同一尺寸规格的斜撑用于梁桁间，面对大街的正立面呈 V 字形外观，同样的斜撑也使用在北尼亚斯的住居，这在东南亚的其他地区几乎看不到，由此成为构成尼亚斯建筑特色的重要元素。

住户的基本构成不论大小都是一样的，即以中央广场为中心分为前后两个空间，前方为公共空间，后方为私密空间，中央是烹饪空间，周围可以就餐住宿，上面有地板的房间是家长、客人用的规格高的空间。另外还有木造的仓库。

居室位于高台基上，要进入室内首先通过两户共用的入口楼梯，然后转 90°角进入平开门。住居内部由隔断分成前后两大部分，靠近街道的为前室，用于接待客人或作为男士的寝室，后室为夫妇、女子的寝室，内有用来烹饪的炉灶，前后室内都有高出地板一个踏步的高台，用作餐桌或床，在室内的地板上可以穿鞋也可以赤脚，地板下的空间可用作储藏（图3-40）。

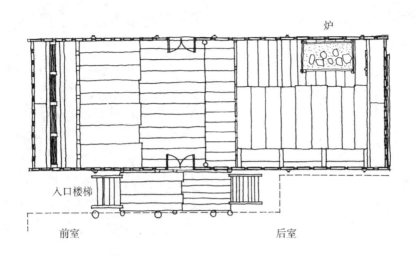

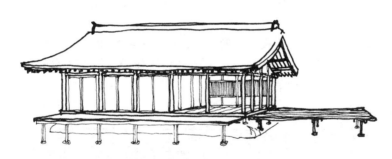

图3-40　尼亚斯岛一般住居平面及外观

（来源：参考文献［7］，206页）

前室在高台的窗檐下做高出一阶的台子用于座椅，坐在那里透过外围的窗户格子，可以眺望大街。冬季气温不低，窗户经常敞开着。屋顶使用椰子叶对折做成的板材覆盖。室内中央一处设有上翻窗，可以通过刻在支撑上翻窗的木柱上的两个凹槽来变换角度，晴天时为全开放状态，小雨时为半开放状态，夜间或大雨时为封闭状态，可以任意调节。前室设有出入的平开门，面对的另一侧墙（即山墙）上也同样设有平开门，这样邻里之间可以直接往来，行列状排列的南尼亚斯住居与道路平行。

后室的地板条通常是沿着侧墙垂直铺设，但一般认为对面型铺设的规格高。现在出于私密性的需要，浴室、厕所设置在套内，因此后室增建、改建的现象较多。

居室内部的柱子只有沿着两侧墙建造的两根抬梁柱，墙面是两种类型木板胶合拼接成的，是承重墙。居室部分粗看上去像木板盒子，其实是由束柱（支柱）支撑的结构。有些大的宅邸，如南尼亚斯头人的住居，墙下束柱的一部分延伸至墙的中心部位，这时将凸出居室部分的柱子剖面加工成半圆形，设在承重墙的外侧，在板墙上部再设置连接部件，最

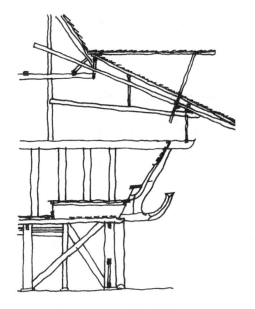

图 3 - 41　尼亚斯岛住居剖面

（来源：参考文献［12］，146 页）

图 3 - 42　尼亚斯岛住居外观局部

（来源：参考文献［12］，146 页）

后在其上架上屋架。墙下部有连接部件向前方伸展，上部弯曲装饰成鸟头的造型，成为重要的外观构成要素（图 3 - 41、图 3 - 42）。这种传统住居地板下的空间用于储物或养猪，住居后方空地可以建猪圈、种菜。

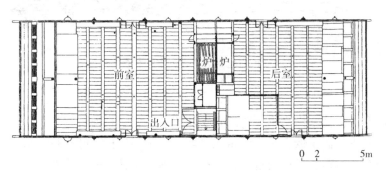

图 3 - 43　头人的住居平面

（来源：参考文献［7］，208 页）

三、巨大的宅邸——欧茂·色布亚（大房子）

大房子是南尼亚斯头人的家，是聚落中最大的住居（图 3 - 43），支撑建筑楼板的是直径 50cm 的巨大柱子，共有 66 根（6×11），普通的住宅除了增建部分，大约只有 20 根（4×5）柱子，高约 22m。在现存的木构住宅中，大房子可以说是世界上最高等级的住居。不仅因为它规模宏大，在木雕和装饰上也具有与其他住居不同的特色。但是，即便如此，大房子在整体形态，以及前、后室划分的空间构成上与一般住宅是一样的（图 3 - 44）。大房子两侧的山墙与一般住宅一样设有平开门，但是平开门不作为出入口使用。头人通过位于柱子林立的地下空间的中央通路，然后登上介于前室和后室边界的陡立楼梯进入前室。大房子的前室属于公共空间（Tawolo），是村里集会和祭祀的场所，后室为头人的宅邸，与一般住居不同的是，前后再分出两个单间。另外，前室和后室都设炉灶。

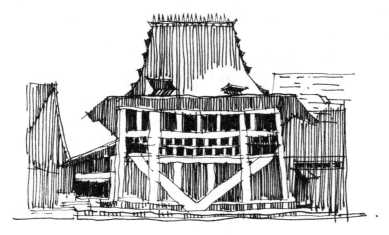

图 3 - 44　头人的住居外观

（来源：参考文献［12］，146 页）

在大房子中，随处都可以看到雕刻，但基本上都集中在居住空间的高床部位。正立面上左右和中央三处都装有精灵（守护兽）"拉撒拉"的头像，张着大嘴，威胁着外敌。令人叹服的是内部有雕刻在巨大木板墙上的（带在身上的）装饰品浮雕。大房子共四根独立柱，前室和后室各两根，都是取参天大树的木料（图 3 - 45）。柱上雕刻和构图技术达到了极高的水平。除了雕刻，祭祀使用的猪的白色颚骨，现在仍整齐地排列在前室的展示架上。

尼亚斯岛的木材难以满足大房子的建造需要，因此据说一部分木材是从遥远的东南亚诸岛运来的。有的虽没有雕刻，但可以看出板材都是取材于大树。

四、线形聚落的结构

南尼亚斯聚落基本上就是一条线形广场两侧排列着住居的类型，中央广场两侧由长石头区分，是封闭性强的空间，过去周围设栅栏，入口有门，聚落由大街、集会所、浴场构成。

由两条大道相交，达到中央膨胀的形式，相交

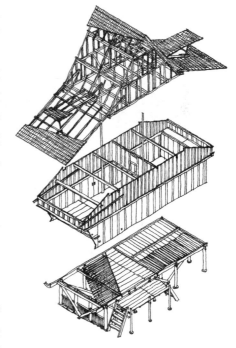

图 3 - 45　一般住居的构成

（来源：参考文献［7］，209 页）

的中心部有集会所和头人的家。在集会所等共有设施、街中心广场，有巨大的石椅子、石碑、石柱等。引人注目的头人的家，也用于公事。住居山墙相连。道路两侧有排水沟渠，

架设石头小桥，通往各户内部，也有设楼梯的，住户前为前庭，作为作业空间使用，地板下作为养猪、收藏空间。

南尼亚斯聚落，包括巴欧玛塔卢村在内，都具有线形布置的特征，虽各聚落略有差别，却都是沿着石板路的两边排列住宅，中央的位置建造头人的家和集会所的形式居多，就像沿街道排列商业、住宅的城市一样，事实上街上行人熙来攘往犹如都会。有在道路上打排球的，还有骑自行车的。但是这条路只有数百米长，直通地下的楼梯。据说过去为防御外敌入侵，楼梯的上面还设有门。现在楼梯下面直接与机动车道相连，这里过去曾是昏暗的密林。南尼亚斯聚落虽是线形的，但与沿街布置的聚落不同，这个线形聚落有着两个序列存在（图3-46）：从聚落中央到周围的空间序列、从街道到周围的空间序列。

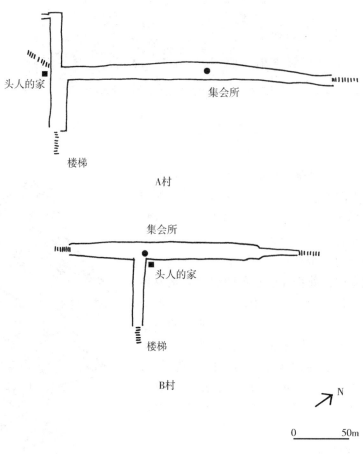

图3-46　南尼亚斯聚落构成

（来源：参考文献［12］，212页）

1. 从聚落中央到周围的空间序列

从巴欧玛塔路村的平面来看，街道的宽度并不一致，越往中央路越宽，中央附近的空间可以说是村的广场，在这里可以进行聚会、集会。住宅也是一样，除了大房子外，越往中央越大，而越往周边越小。尼亚斯社会是由4个阶层组成的阶层社会，主持议会的由贵族和平民代表组成，南尼亚斯聚落中央广场的两侧排列着一组组的住户，密度高、规模大，一个聚落有100～500户组成。

在南尼亚斯社会，上流阶层和平民有着等级差别，前者的住居在聚落中央，而且规模大，后者的住居在聚落周围，规模也比前者小，从聚落中央到周围的序列反映了尼亚斯的社会结构（图3-47、图3-48）。

图3-47　尼亚斯岛集会所　　　　　　　　图3-48　集会所内部
（来源：参考文献［12］，178页）　　　　（来源：参考文献［12］，178页）

2. 从街道到周围的空间序列

在举行婚丧嫁娶仪式时，只是在宽阔的中央部位，可以看到仪式队列行走，这里的地面铺装也与别处略有不同。只有1m宽的称作伊利·努瓦立的道路是村里的公道，其他部分是相当于两侧住居的前庭那样的空间，前庭是传统的石板地，铺装用泥浆加固。由于住宅的差别，其建造方式也不同。前庭是私密空间，经常用于干燥做屋顶材料的椰子叶、晒稻子、晾衣物或堆柴等，檐下空间放有纪念个人或祭祀的石头，可以说越往里私密度越高，而住宅内部的前室，公共性较强，人们可以较为自由地出入，后室还是家族的私密空间。这样从主路到前庭、屋檐下、再向前室、后室推移，从公用空间到私用空间的序列被清晰地展现出来（图3-49～图3-51）。

3. 产生空间序列的力量

在巴欧玛塔卢村三条主路交汇的位置放有一块圆形大石头，意为主路的"肚脐"，石头上有3处凸起的地方。这个石头表示建村的基点，示意村民朝着凸起方向建聚落。主路固定后，首先建大房子和集会所，然后对与大房子正面主路垂直的两条路进行石头铺砌，然后沿着道路建房。

这个建设过程表明聚落整个建设是有组织、有规划进行的，能实现聚落的设计，是由于村里强大的凝聚力，热带雨林具备着让村里人团结的潜在势能。

在热带雨林，聚落易被拆散，相互抗争频繁发生，因此，为在密林中安心生活就要求聚落内部有很强的纽带来维系和领导团队，这种团结必须用可视的形式表现出来。比如，巴欧玛塔卢村的大房子竣工时，招待了14个邻村的村民，举行了盛大的庆功酒宴，这种巨大的房子同时可以容纳许多人，通过这种形式，向外部展示本村的实力。有序的空间结构是村内团结的结晶，同时，以可视的形式固定下来，是巩固人心所向的道具，也是向外部显示村内凝聚力的有效手段。

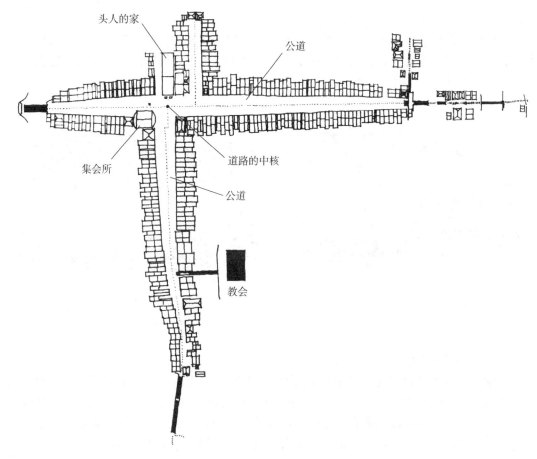

图3-49　聚落总图

（来源：参考文献［7］，214页）

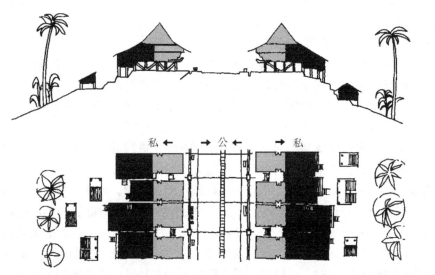

图3-50　聚落空间剖面

（来源：参考文献［7］，215页）

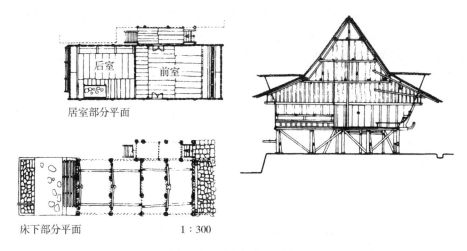

居室部分平面

床下部分平面　　　　　　　　1：300

图 3-51　住居平面、剖面

（来源：参考文献 ［27］，112 页）

思考题：

1. 南尼亚斯住居空间的构成原理——空间划分与公、私行为的关系如何？
2. 南尼亚斯聚落的空间序列有哪些？
3. 南尼亚斯大房子的文化价值和空间功能是什么？

第八节　印尼小巽他列岛的住居

印尼的小巽他列岛有许多极富独特造型的高床式住居，这些住居空间生动地反映了各部族固有的宗教观、宇宙观，住居在他们看来是一个微型宇宙。在相似的风土中，为什么会衍生出多样的住居形式呢？该地域是思考这个问题很好的教材。通过观察松巴岛（松巴族）程式化的居住空间，解读物化了的空间及其意义。为进行对比，本节也涉猎了阿洛岛（阿贝族）和若狄岛（若狄族）的住居。

一、松巴岛的自然和社会

环爪哇岛的四个大岛称小巽他列岛，小巽他列岛位于季风气候带，越往东越干燥。松巴岛位于小巽他岛中间部分，面积达 11000km²，受澳大利亚信风影响的东部和北部地区比较干燥，而受印度洋信风影响的西部和南部比较潮湿，其中西部地区年降雨量约 1800mm。岛的东侧和西侧不仅气候不同，社会制度、语言、习俗也有微妙的不同。岛上总人口约有 40 万人，大多为松巴族，过去以"白檀之岛"著称，现在资源枯竭，族人以种植大米和玉米为主，纺织和养马为辅。骑着松巴马模拟壮士的著名骑马术表演，在每年转向干季的 2~3 月之间举行，那天也是宣告播种开始的祭祀之日。

松巴岛的位置远离主要的交易路线，因此，即便在殖民地时代也很少受其他文化圈及宗教的影响，特别是交通不便的西部地区，传统文化至今保存完好。

松巴社会是由父系的身世集团形成基本的社会，也存在母系的身世集团，东部和西部文化圈不同。松巴社会也是阶层社会，各地域虽然多少有些不同，但都分圣职者、贵族（王侯）、平民、奴隶等阶层。称为"卡比斯"的父系氏族是构成社会的单位，在氏族间实行循环的外婚制。

松巴族宗教为泛灵论，但其共同的、独特的宗教观是对称为"马拉普"的祖先灵位的信仰，他们认为马普拉是存在于所有物质中的神。卡比斯的马普拉在氏族内部按照序列分等级，最上位的马普拉祭祀场所设在聚落广场中央的祠堂，各家族的马普拉安置在屋顶或阁楼，据说马普拉的神体是白檀木像、宝石或贵金属，其实体只有圣职者或家长知道。

二、聚落的特征

松巴是探访东南亚基层文化有趣的地方，在松巴可以看到中央广场，可以看到圆形布置的住户的向心形集聚形式，可以看到爪哇的传统住居（Joglo）的痕迹。

松巴聚落的构成有着不同的特点：有的聚落围绕广场布置住户，三个广场构成一个聚落，这种聚落形式在其他地域也可以看到，应存在共同原理。有的聚落出于防卫的目的需要建在丘陵上，聚落形态有前方部、中央部、后方部三部分，呈圆形。传统聚落一般有广场，中心为石垒的舞台状的石台，多看到崇拜祖先的石柱，其正面通常有个小礼堂（图3-52）。

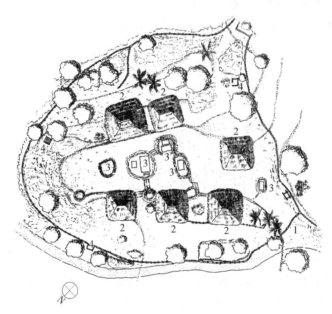

图3-52　松巴族聚落配置图
1—入口；2—住宅；3—坟墓；4—厕所

（来源：参考文献［7］，241页）

巨石文化的传统延续至今，有功的死者葬在聚落广场的土坛里，上面是巨大的桌式石棺和石碑，这些石头的大小、装饰表现了其家族在社会上的地位高低，是文化人类学上松巴岛"勋工祭宴"的一种。巨石是从山上开采后，用修罗（木制撬）运来的，这种祭礼活动至今仍在松巴岛延续。

在村里举行仪式或典礼时，这一巨石广场作为临时舞台使用，内有马普拉的祠、挂头（捉拿来的首级）树以及用来占卜农作物吉凶的树木等。

三、住居的构成

住居建在可眺望山谷的坡地上，因此地面的前半部几乎与广场位于同一高程上，后半部在坡地上伸出一大截。浮在空中的地面就像悬挑出来的一样，由长束柱（支柱）支撑。住居有两种形态，一种是中央部高的形态；另一种中央部坡度缓和，呈爪哇的形态，在剖面构成上分三部分，与其他地域一样，中央高的部分是神的空间，地板下面为牲畜的空间。住居的构成空间在垂直的方向上分为地下、地上和屋顶三段：地下是牲畜的空间（动物界，也称地下界）；地面和天花板之间是人居住的空间（人间界，也称地上界）；人间界屋顶中间伸出的屋架（阁楼）是马普拉空间（马普拉界，也称天上界），这里除了家长，其他人禁止入内。地面的中央有 4 根带防鼠装置的柱子，这不是通天柱，而是通到屋顶坡度变化处为止，柱上面有井字架梁，承托突出屋顶的圆木椽子。这个梁的部分有天棚，从下面看不见天棚，在天棚上面祭奠有家族的马普拉，松巴族人用天棚划分神和人居住的世界。屋顶的椽子使用竹子，马普拉的空间是用竹子编成细长的四角锥形，呈笼子状。屋顶铺的是草捆，屋脊的两端装有角状的脊饰（图 3-53、图 3-54）。

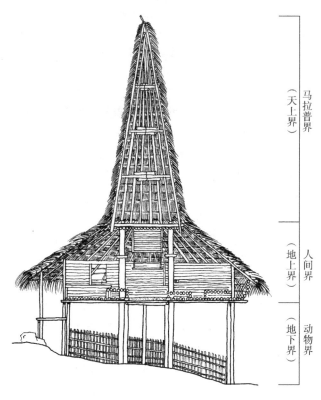

图 3-53　住居剖面

（来源：参考文献 [7]，242 页）

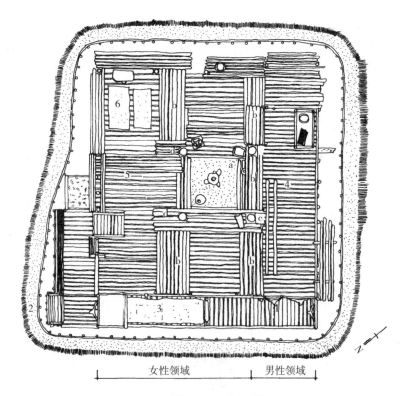

图 3 – 54　住居平面

1—男性入口；2—女性入口；3—阳台；4—客厅；5—厨房；6—卧室

a—炉；b—竹床；c—男柱；d—女柱

（来源：参考文献 [7]，243 页）

　　住居从广场一侧的阳台进入，出入口处深檐覆盖的露台是竹制的，通风良好，夏季白天可以在此日阴下进行编织等轻作业，同时这里也是邻里聚集的场所。露台一侧的墙面有两个入口，右侧为男性用，左侧为女性用。男性入口周围分几层装饰，有骄傲的水牛角或猪下颚，这些是在庆功宴时上供的动物，供品的多少象征着家里财富和幸福的程度。出入口的门槛前装有水牛的头骨，用作脚踏石，由此从外廊进入高一阶的室内。室内的地面铺有圆竹，看上去是一居室，几乎呈正方形的平面。从立面上分为右侧 1/3 和左侧 2/3 两部分。右侧为男性领域（举行礼仪、典礼的场所，也称圣的空间），左侧为女性领域（日常起居场所，也称俗的空间）。四根柱子中，属于右侧男性领域的两根为男柱（圣柱），前面一根祭的是家族马普拉，后面一根祭的是农田守护神马普拉。而左侧属于女性领域的柱子被视为女柱（俗柱）。男性领域是专门招待客人的空间，平时不使用，女性不能进入。女性领域是日常生活的场所，再细分为左右两部分，右半部分为夫妇的卧室，内有炉灶，左半部分为女孩的卧室和厨房，也作为家务室。从厨房左侧伸出的建筑称为下房，中央的炉灶是用三块石头支起的，呈三角形布置，上部搭有用来干燥柴火等的棚子，炉灶的周围高出地面一阶的竹制长椅状的是床铺。室内也分前后，前面（靠广场一侧）为公共空间，后面为私密空间（图 3 – 55）。

　　西松巴是从正立面方向进入，东松巴是从山墙面进入，左右对称，向心形平面构成有一定的体系，首先平面被同心圆分成三部分，中央有炉灶的是家长的空间，围绕着这个中心为居住空间，围绕着居住空间的是卧室和就餐空间。

松巴族的住居沿水平、垂直方向把空间划分成三段，祭祀的空间与日常生活空间竖向叠加构成，覆盖整体的大屋顶把三段空间象征性地统合在一起，屋顶的内侧是马普拉的居住空间，在他们的生死观看来，现世只不过是连接过去和未来的一个时段，灵魂会永恒地存在。据传说，渡海而来的祖先们在北部的萨萨尔岛登陆，分散在松巴岛各

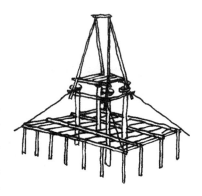

图3-55 草房架构图
（来源：参考文献 [12]，100页）

地。松巴族以举行盛大的葬礼而著名，葬礼后死者的灵魂到达北部萨萨尔岛，在那里登上天梯回到马普拉界——天上界。松巴族聚落、住居是活着的人们与传说的马普拉界神灵对接的场所，在那里生者与死者共同生活，今世与来世浑然一体。

西松巴岛近郊的松巴族聚落，是由7个小聚落合并而成，是规格很高的聚落，其中心是有环形广场的塔龙（Taruug）村和有线形广场的瓦伊塔巴尔（Waitabar）村。塔龙村位于小山坡顶部，是在祭祀仪式上规格最高的村子，在巨石广场的周围排列着卡比斯宗族的住居，每个聚落的边界用石垣等表示，虽不是很明确，但是根据以巨石广场为中心的住居群集合样式就可以判断各聚落的领地范围。

四、阿罗尔岛（阿布伊族）和若逖岛（若逖族）的住居

小巽他列岛上极富个性的聚落、住居很多，下面看一下阿罗尔岛（阿布伊族）及若逖岛（若逖族）的实例。

阿布伊族的住居有着锐角锥尖屋顶，屋顶与松巴族住居一样铺有草捆。阿布伊族住居为高床式，内部为四层构造，一层的地面比外地坪高出一阶，是阳台式的空间，这个半户外空间是农作业和团聚的场所。二层是居室兼厨房，是日常生活的场所。三、四层是收藏玉米的谷物仓库，这里也收藏青铜制罐子等贵重物品。从阳台到室内利用竹制的梯子上下，外敌侵入时可以把梯子拿掉，放在二层。住居各层地板全部采用一劈两半的竹子铺装（图3-56、图3-57）。

若逖族住居有着歇山式的深檐大屋顶，内有三层，一层为土间，用作轻作业场、畜牧小屋、畜牧储藏仓库等，二层为卧室和厨房，三层是粮仓和储藏贵重物品的场所。整个住居是木结构的，二、三层是木板盒子状空间，由柱子支撑，结构上与屋顶分开。一层是细长的土间，由大屋顶覆盖，周围设有外廊，是左邻右舍人们交往的场所，由此通过中央的楼梯上到二层，楼梯尽头有门，以防备外敌的侵入。

若逖族的住居都是坐东朝西，屋顶覆盖椰子树叶，强调端部的山墙，封檐板挑出的脊檩上都有雕刻，屋脊上插有千木[①]。二层为居室部分，南侧为男性空间，北侧为女性空间，明确区分。女性空间内部有炉灶，从这里可使用梯子上到三层（图3-58、图3-59）。

————————————
① 古代神社屋顶上的交叉的木头，后演变为屋脊上的装饰。

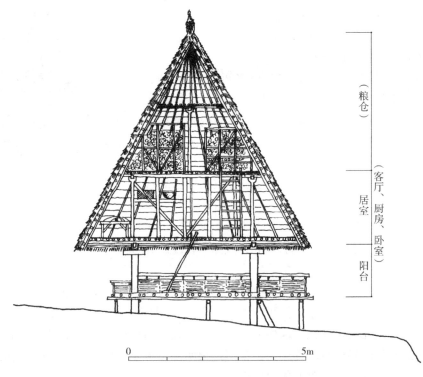

（粮仓）

（客厅、厨房、卧室）

居室

阳台

图 3-56 阿布伊族住居剖面

（来源：参考文献 [7]，248 页）

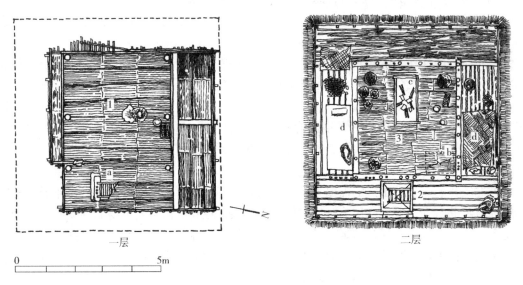

一层

二层

图 3-57 阿布伊族住居平面

1—阳台；2—入口；3—客厅、厨房、卧室

a—上二层的楼梯；b—上三层的楼梯；c—炉；d—卧具

（来源：参考文献 [7]，249 页）

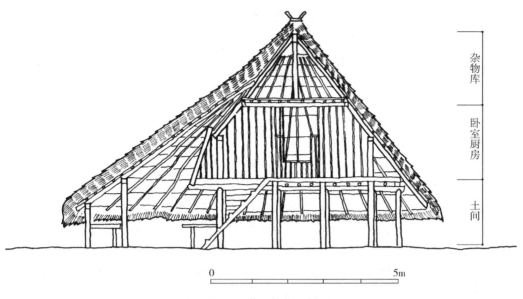

图 3-58　若逖族住居剖面

（来源：参考文献 [7]，251 页）

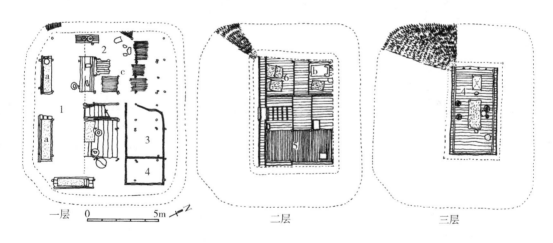

图 3-59　若逖族住居平面

1—土间；2—厨房；3—家畜；4—仓库；5—男性空间；6—女性空间

a—绿台；b—炉；c—薪

（来源：参考文献 [7]，252 页）

五、居住样式的文化背景

　　在小巽他列岛的岛屿居住的部族基于特有的世界观、宗教观，有着独自的空间概念，他们将居住空间的构造、构成、意匠等理想化。仪态万千的住居就像民居博物馆那样趣味盎然，不仅是小巽他列岛，可以说整个印尼都是一样，从苏门答腊到新几内亚岛的诸岛的确存在许多居住样式。

　　建造高床式住居的部族的共同特点是垂直方向宇宙论，内三层结构分别对应着地下界、地上界、天上界，居住着的分别是家畜、人、神灵。这种区分在建筑构成上对应的是地板结构、木构架、小屋架，各部族通过各自的构筑法、造型、意匠等独特性的发挥，建造出极富个性的住居。

风土基本相似的地域，为什么会有这么多种居住空间样式并存的现象？风土论把自然环境作为条件来决定最佳的居住样式，而现实当中，相似的风土却存在着不同样式的住居。为说明这一事实，对环境条件必须有满足设问的多种解答。如果只是出于风土的因素，所有住居都会朝着寻求合理答案的方向发展，然而事实上并非如此，甚至是牺牲居住性也要把丰富的象征性、表象性放在首位。

松巴岛的住居由于屋顶的中部太高，抵挡不住强风的袭击，被强风折断的例子也不少，同样的现象在阿罗尔岛也时有发生。另外，把开采的石头放置到广场要耗费巨大的财力和劳力，松巴岛的人们为筹备必要的资金，即便推延葬礼也要先实现其目的。

维持共同体，关键是强调差异性，要表现出与其他集团的不同，集团与集团接触时，要经常示意与其他集团的不同之处，否则就会被强势集团同化、吸收。为对外与其他集团划清界限，对内提高归属意识，就要有独自的造型和价值观，将共有的意识通过实物变得可视化、理想化，成为共同幻想的坚固堡垒。装束、礼仪等差异性、特殊性对提高民族、部落的个性——自我同一性十分有效。从个性的观点出发观察传统的住居，可以看到人类本身所具有的构想力有着无限的潜能，可以创造出丰富多样的、趣味各异的空间样式。

思考题：
1. 为什么类似的风土下有不同的住居样式？
2. 聚落之间的差异性有什么意义？
3. 聚落的宗教观和宇宙观对其住居有怎样的影响？

第九节　印尼巴厘岛的住居

巴厘岛是位于以伊斯兰教为国教的印尼，印度教占90%的特殊地域。据说在11世纪从临近的爪哇岛传入印度教和爪哇文化，巴厘岛通过与爪哇的交流引入了爪哇的生活习惯，以爪哇的古文为根基，在与爪哇文化交往中培育起自己的文化。到了16世纪，伊斯兰势力从苏门答腊侵入爪哇。不久爪哇的马塔拉姆帝国灭亡，许多贵族、匠人等爪哇文化的扛鼎人都逃亡巴厘，不久这里就成为"给鲁给鲁"王朝的艺术活动据点，巴厘的印度文化迎来了黄金期，一个时期势力从东爪哇蔓延到邻地的龙目岛。

此外，在18世纪将印尼大部分置于自己的统治下的荷兰，到了19世纪推进了巴厘岛的殖民地化：1846年向巴厘北部派遣了军队，到1911年将巴厘王朝彻底降伏，完全纳入自己的统治，直到第二次世界大战日军侵略为止。1949年，印尼终于独立并得到了联合国的承认，巴厘成为其中的一个州。因此尽管与印尼以外的其他地区相比巴厘被荷兰统治的时间较短，但是1920年巴厘潮的同时，蒸汽船通航，建造了以西方人为对象的饭店。进入20世纪30年代，欧美的学者、艺术家们开始关注巴厘丰富的文化，并长期逗留，巴厘急速发展成为观光胜地。

本节首先介绍马塔拉姆时代以前的线形聚落和称作"巴厘·阿卡"的住居空间构成，然后叙述后来的"托利·安卡"思想孕育的空间构成法和具体实例。

一、巴厘岛人的自然观和宗教观

印度教有称为卡斯托的身份阶层。在巴厘岛从前有僧侣、贵族、商人、农民、奴隶五个等级，其住居的种类、布置方式有很大差异。在受印度教影响以前，有着土著文化的巴厘人的居住文化称作巴厘·阿卡（Aga），巴厘·阿卡的聚落可以在岛的中心东部的山岳地带看到，与印度人的火葬不同实行风葬。

据说巴厘的印度教认为精神由五种物质构成，坚信凡是有形的物质都是上帝赐予的，不是自己的，而且那些物质都是赝品。在现实世界中，灵魂被人的欲望所笼罩，如果不去驱逐附在灵魂上的七情六欲就不会升天，也到达不了精神解脱的仙境状态。因此巴厘人祈愿早一点赎罪，脱离虚伪的物质世界，死后到达安宁的精神世界，对死者祭祀的不可或缺就是源于这种观念。如果总做坏事就会重新回到人间世界，变成昆虫、花草。印度教认为正因为有赎罪才有印度教的教义，也才有人的生命。

巴厘人们的住居，聚集在神圣之山——阿贡山的东南的坡地上，并在王朝的庇护下创建了丰富的工匠文化。图3-60表示了巴厘人们共识的自然观、宇宙观。阿贡山脚下有着茂密的森林，给予生物以恩惠，是防止洪水和山崩的精神寄托。街区、聚落分布在山脚下，人们发明了复杂的灌溉系统，进行水田耕作的同时，与印度教的诸神、无数的精灵一起生存。此外，其山脚下广阔的海域潜藏着恶魔和鬼魂。这就是称为"三界"的思想，在图中可以清楚地区分和解读天上界、地上界、地下界。

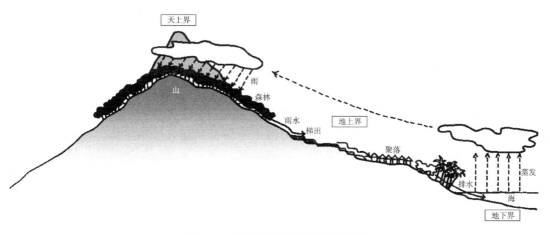

图3-60　巴厘族的自然观和宇宙观

（来源：参考文献［7］，221页）

汇集在山谷中的雨水滋润着人们的生活，最后流入大海。向河里排放垃圾是因为海水可以净化垃圾，净化的水变成水蒸气上升，变成云层，再次回到山上降下来。火葬后的骨灰流入大海，是因为死后的肉体通过海水的净化，灵魂随着水蒸气回到神圣的山里。对这样一个自然界的理解与前述的巴厘宗教观念有着密不可分的关系。

二、巴厘人的方位观和方向感

上述的思维定势与巴厘人的方位观密切相关。巴厘的自然环境，在住居的立地环境上发生了与山和海、日出和日落的方位角有关的两组二元对立态势，前者是大地（地形）带来的方向轴，后者是太阳带来的方位轴，都是圣洁和不净观念的结合。世界上把日出的方向看作是神出的方向，把日落的方向看作与死神联系的方向，或与死后世界方向相联系的民族不少。但是以北为神圣，以南为不净的方位观，可以说是巴厘岛区位环境所孕育的对风土的理解方式。巴厘人大部分居住在东西相连的山脉的南侧略微偏东的地方，以他们居住的地域为中心，北侧为上位、南侧为下位。另一方面，特别是有巴厘·阿卡传统谱系的山地、山脉北侧的古老结构的聚落，在立地上基本以眺望山脉的河上方的位置为上位，通向海的河下方位置为下位，以此来布置寺庙和设施。南北（海、山）为山侧，东西（日出、日落）为神圣方位，各方向有三个等级的场所。

他们认为方位是从属的，因此这种拘泥南和北的方位观是以人们居住场所为基点来构思方位的环境理解方式，可以说完全是相对而言的（图3-61）。

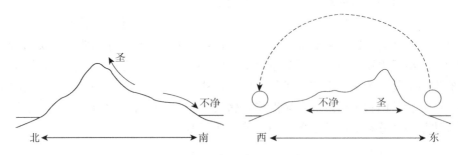

图3-61 圣与不净的二元对立

（来源：参考文献 [7]，222页）

方位观和方向感与前述的在神的世界和恶魔的世界中间定位现世人的思想密切相关。进一步把它们加以通用，将场所、空间分成上、中、下的称作"托利·安卡"的思想。这种形式与前述的圣为上位、不净为下位相对应，中间也定位为人类世界，如图3-62（a）所示。通过将图3-62（a）的两个小图按照逆方位轴组合，可以得到如图3-62（b）所示九个划分的平面。其中，西南角隅的两个轴都是位于下位，是最不净的场所；东北的角隅都是上位，视为最圣洁的场所，昔日王朝曾在这里一度繁荣，直到现在仍有许多巴厘人按照该图来决定自己的居所，因此从西南的角隅至东北的角隅划一条对角线，它的前方有象征巴厘信仰的阿贡山，东北的方位是巴厘固有的信仰世界带来的方位轴。

托利·安卡的思想认为人类的躯体分头、身体、足三部分，在住居上不仅整栋房屋分为屋顶（阁楼）、柱子、基坛（地面垫高的基础）三段，而且相当于居住部分的一根柱子也以装饰手段分为上、中、下，越往上柱子越细。建筑尺寸和模数协调是以脚尖至脚跟的距离尺寸的倍数为基准的。

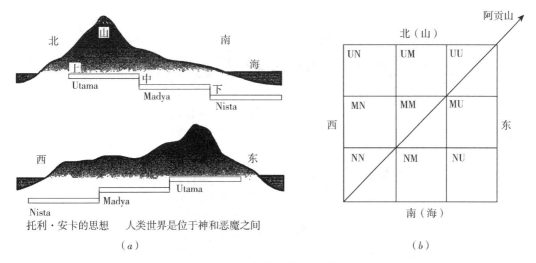

托利·安卡的思想　人类世界是位于神和恶魔之间
（a）　　　　　　　　　　（b）

图3-62　方位和方向的感觉

（来源：参考文献［7］，223页）

三、继承巴厘·阿卡文化的聚落

从巴厘岛中央的山地至北向坡地分布着称为"巴厘·阿卡"的马塔拉姆帝国以前的有着古印度文化的聚落。这些聚落没有采用前述的由两轴划分为九个空间的概念，是明显的由单轴构成的线形形态。

图3-63是位于南麓的普林普兰聚落规划示意图，这是从北侧15km高的山间母村分支出来的规划村。普林普兰聚落生动地反映了巴厘·阿卡的线形规划概念。聚落的主路结合坡地的最大斜线规划成南北向，宅邸布置在道路的东西两侧，都是长方形宅基地。最初有12户家族移居这里，从上方的北侧开始建村，在有76户规模下完成了聚落的建造。后来又增加了分户，现在已达到200户，但大部分居住在农田的附近由道路围合的聚落区域以外，长方形的宅基地后面可以用于分户的增建，但通常作为旱田使用。

村的运营遵循惯例，由76家户主协议进行，分户没有参加集会的权利，76户从家长历史最长的长老开始排序，前6名担任负责人，户主死后将第76号传给后代，按照序号升格，在村落的经营上，经验丰富的长者的意见总是受到重视。

聚落的上方、中间、下方分布有各种寺庙，有的用以祭祀聚落起源的神，也有的用以祭祀守护聚落的神。死者的寺庙与村中央的主路一起形成聚落空间的骨架。上方广场的正面是规模宏大的阿贡山神寺庙和与之相毗邻的祭祀起源的寺庙，广场的一端附设一个大集会所。聚落的中央集中布置村的集会所，挂有传统的木钟。休息室使用的房间、村里的谷仓集中在这里。另外，在聚落的下方，离开聚落空间是进行葬礼仪式的"玛卡姆"的庭院，再下方是"死者之寺"以及周围的临时埋葬地。

图3-64是普林普兰保存完好的传统的住居及其宅邸外观的透视图，在面宽小、进深大的宅邸空间中，房屋分山一侧和谷一侧，呈两列分散布置，分别承担着不同的功能，相当于阿贡山方位角的东南角隅设有家祠，在围合的空间里祭有诸神和祖先的灵位，离入口最近的住房是家长就寝场所，厨房承担炊事的同时兼作妇女们的就寝场所。仪式房是祭祀、举行人生礼仪的空间。架有屋顶的作业场放有礼仪用的石臼，但日常用作各种作业场和干燥场。

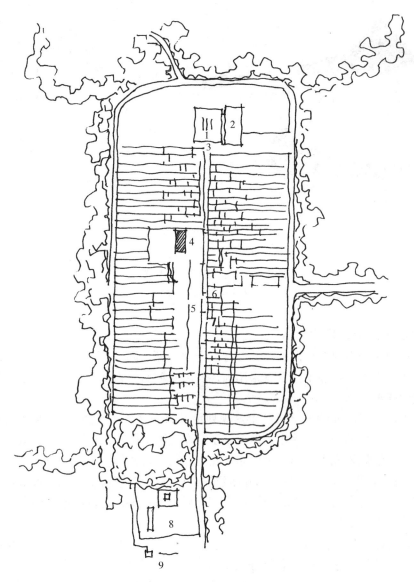

图 3 - 63　普林普兰聚落总图

1—阿贡的寺；2—起源的寺；3—村的广场；4—村寺；5—村的谷仓；

6—木钟；7—村的集会所；8—马卡姆的庭院；9—死者的寺

（来源：参考文献［7］，225 页）

　　房屋建在基座上，谷仓和厨房的建筑材料使用的是木头和编制的竹子，但卧室和礼仪用房间用木构的屋顶，木柱承重，墙体部分是石头垒成的，裙墙呈 L 形延伸，让宅邸的西侧拥有较大的空间，这个领域是接待客人、举行仪式的对外空间。宅邸内的分户房间，在里弄两侧排成两列，这不是沿袭托利·安卡的传统思想，而是结合基地形状线形构成的。

　　此外，道路两边的住宅不是对称布置，这是由于家祠与东西侧的住宅一起位于东北角的缘故，东侧和西侧由于进入宅邸的入口方位是相反的，因而给宅邸空间排列的方法带来很大的差异。

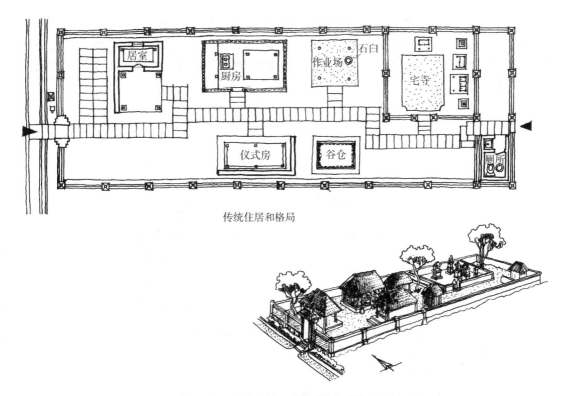

传统住居和格局

图 3 - 64　普林普兰德住居空间和格局

（来源：参考文献［7］，227 页）

四、巴厘·阿卡的住居和线形住居群

首先概观一下巴厘·阿卡的住居空间和住居群的特征。图 3 - 65 为巴厘贵族住居平面。图 3 - 66 为具有巴厘·阿卡文化特征的三个聚落的住居和住居群。在住居群的构成方法上有以下几个特征：

1）每个聚落的住居入口都是朝向道路的，形成垂直于道路的平面构图；

2）使用火的厨房设在道路坡道的下方；

3）在住居群、聚落空间的构成上清楚地区分上位和下位。

图 3 - 66 中 A 村和 B 村都是 12 户一个大家族居住，前者是在广场两侧连续排列 6 户，后者是独立房屋的集合。另外，C 村是无血缘关系的集合，靠山的一侧是有祭坛的、规格高的主人住居，拘泥于习惯的建造方式。道路对面靠山谷一侧是子女住房，虽然平面是一样的，但是不拘泥传统的建筑材料。

A 村和 B 村的水上（山侧）布置大家族的宅寺"萨嘎"。称为"萨嘎"的空间在住居内也存在，这很难说是巴厘·阿卡的形式。B 村里如果有生了双胞胎等惊动村里的事件发生，"萨嘎"就要重建。

再看看住居空间，这些聚落的建造方式与今日的巴厘住居完全不同，没有围墙环绕，也不分栋，都建在一个屋檐下，而且住居空间格局极类似，空间尺度由 12 根柱子组合，柱距很窄，只有 1.5 ~ 2.5m，从土间到屋顶阁楼的谷仓的净高仅有 2m，总之，做工像加工家具那样精细，便于解体，从柱子到桁架用梁连接。屋架与屋顶的形式无关，是由正房的椽子支撑的穿斗结构施工法，3 个聚落是相同的。另外，充当"萨嘎"的房间不设顶棚，是挑空的，兼有谷仓出入口的功能。B 村的住居柱子外侧墙裙是用石头垒的，上半部覆盖着萱草；C 村把垒石作为整个外墙的装饰，与今日巴厘住居的延续痕迹依稀可见。

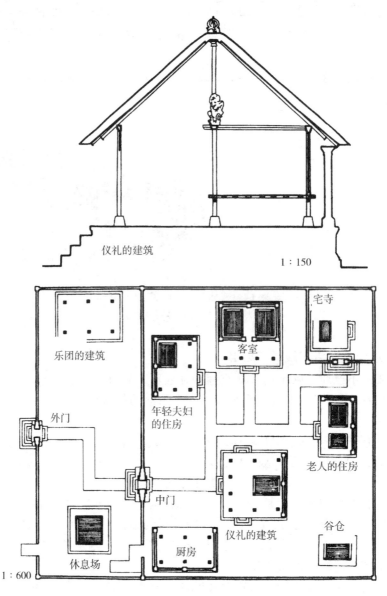

图 3-65　巴厘贵族住居平面、剖面

（来源：参考文献 [27]，112 页）

A 村把"萨嘎"建在河上游，住居的平面与道路（细长广场）轴线垂直，而 B 村规定"萨嘎"要建在住居入口的右侧，对道路而言是相同住居形式的对面形排列。另外，C 村是把"萨嘎"放在正面，由两面的柱子围合的高床整体成为寝床（睡铺），家长以河下游的地板为睡铺，河上游主要用于仪式典礼等非日常的场所，通过对三个聚落由梁柱分成六间房的室内使用方法进行比较得知，土间部分大体一致，而高床部分各不相同。巴厘·阿卡的住居在空间构成、居住方式上与采用分栋型的巴厘住居完全不同，很难找到相互之间的共同点，同时也很难认同巴厘·阿卡有托利·安卡思想的物化形式。最后，从住居的集中方式来看，其特征并不拘泥于方位角度，而是重视与地形（山侧、谷侧的区别）的关系、与道路（通路）的关系以及住居群的线形构成。

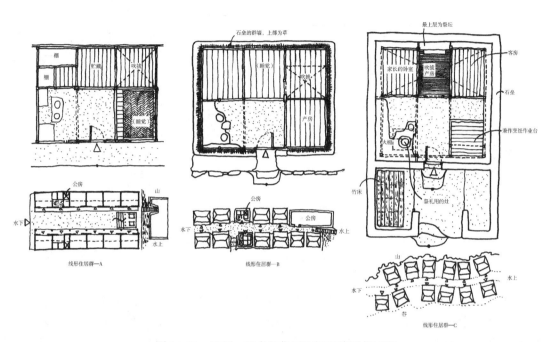

图 3-66　巴厘·阿卡的住居空间和线形住居群

（来源：参考文献 [7]，229 页）

五、体现托利·安卡思想的空间构成

巴厘王朝文化熏陶下的空间构成原理与巴厘·阿卡是不同质的，只是线形在两轴构成的变化上可以隐约找出一点差异的线索而已。普林普兰聚落虽采用了有巴厘特征的线形构成，在补充聚落骨骼的诸设施的布设上已经忠实地反映了王朝的街区构成原理。整个基地受这个轴线的影响，分为 $3 \times 3 = 9$ 个区。

图 3-67 是将构成王朝街区的诸要素模式化的图示，如前所述，王朝的城区位于岛的东南（山脉的南麓），记录着孕育王朝文化的空间构成手法以及在后来广泛被继承的过程，王朝街区的骨骼是由东西与南北走向的街路相交生成的"鲁安"（最初的空间）形成的，以鲁安作为街区的中心，伴随着许多设施的图像，把两轴相交的地方定位为人类居住场所。由此托利·安卡思想在平面上展开，影响到街区整体。街的北侧（山侧）布设有祭祀诸神、街的起源的寺庙，南侧（海侧）布置死者的寺（墓地），但这些位置都微妙地错开圣与俗的角度。

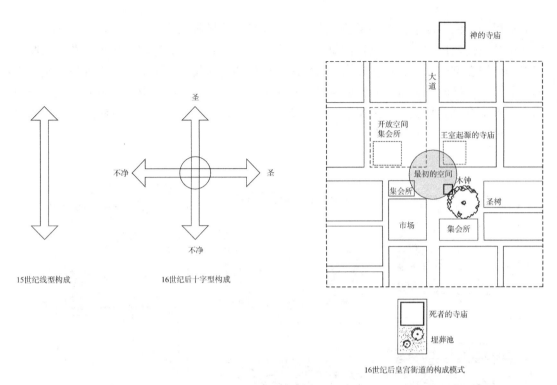

图3-67 王朝街区的构成原理和构成要素

(来源：参考文献［7］，231页)

图3-68是将托利·安卡的思想运用在住宅空间上的住居构成法的图示，被分成9个小空间的中心，是向家族开放的空间，是日常的节事、仪式典礼的场所，承担着联系家族的功能。最神圣的阿贡山方位的角隅都无一例外地设置"萨嘎"，相反方向的西南布置牲畜舍、厨房等被视为不净的房屋。围绕着中心，各具意义和功能的房间以独栋的形式建造。宅内都有明确分工的厨房、仪式庆典用的房间、卧室等，但卧室是按照家族人员构成、人数布置的，卧室不限定使用人和居住方式。使用方式反映巴厘人的家族观，按照托利·安卡的秩序决定的，房间之间的相互关系以基座的高度来秩序化。住居内部没有隔断，进入入口就是土间，放有炉灶，内侧为高床式，分为中央、东、西三部分，中央为祭祀祖先的供桌，东侧为完婚的夫妇就寝的神圣之床，西侧为普通寝床。

另外西北和东南的角隅是布置比较有自由度的住房。巴厘人坚信一切都是场所、时间、状况在起作用，每一个具体事例都不一样。因此即使基本构成原理是一样的，也没有完全雷同的宅院和同铸一型的住居。巴厘岛南部的住居，东北角为最神圣的区域，放置房屋神的宅寺。相反最世俗的区域是与宅寺成对角线的区域。北侧有道路时避免朝北开门，北侧为重要的主人居住，南侧是最世俗的用作养猪、水场、女性劳动场所。这种做出差异性的想法也适用于决定房屋的尺寸上，房屋是以家长的人体尺寸为基本建造的，做出来的空间适应每户家长的人体尺寸，因此个体差是产生多样性的一个原因。

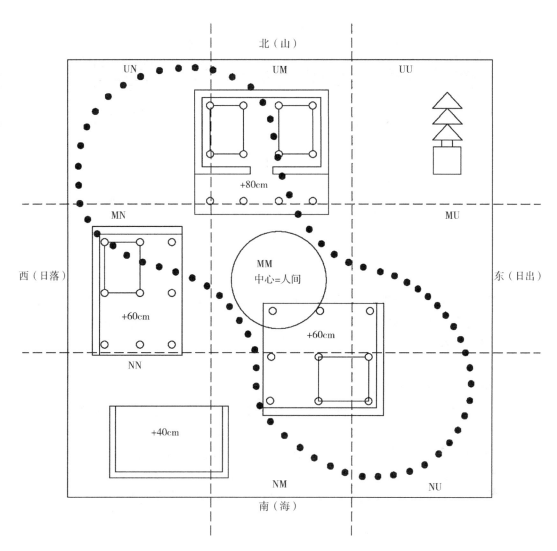

图 3-68　托利·安卡的思想和宅邸空间构成原理

（来源：参考文献 [7]，232 页）

图 3-69 是巴厘族住居的实例，其中左图是以制造乐器为生业的大家族住居，老夫妇与两对儿子夫妇同住在一个屋檐下，宅内每一个角落都作为作业空间，家人都从事打击乐乐器制造。"萨嘎"的对角方位被视为最不净（污秽）的场所，布置冶炼场、厕所，穿过厨房和冶炼厂是居住房，流线是围绕着仪式房到尽端，而且成为家族据点的住居空间中心位于内侧，因此门的前头建有辟邪用的影壁。

图 3-69 右图是位于阿贡山的东南山脚下的农村聚落中经营冶炼的家族实例，卧室是铺瓦屋顶，其他屋顶都覆以椰子树叶，宅基地虽不大，但保证了家族的中心空间的足够面积，其中央的大木柱形成背阴处，设祈祷家族安宁的祠堂，而且所有房间的入口朝向祠堂。

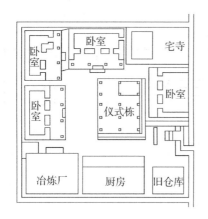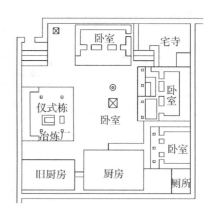

图 3-69 巴厘族住居平面

（来源：参考文献 [12]）

虽然阿贡山实际的方位是宅子的西北方向，但是由于家族经营冶炼，所以仍把东北定位为圣洁方向来布置"萨嘎"，其对角方向为厨房，现作为储藏间使用，宅子的格局可以说基本是基于"托利·安卡"的九宫格构成法。

六、特定的文化与空间构成的关系

早在 20 世纪 30 年代，巴厘的驱逐恶魔的仪式"茶罗那兰"就被西洋艺术家所简化，现在作为观光节目——戏剧继续上演。还有描绘人与动物在热带森林共生情景的巴厘独特的神秘绘画以及油彩笔的使用方法，油笔画也是那个时代由西洋人传来的。20 世纪 70 年代，巴厘州政府积极开发旅游观光事业，在指定保存地域和村落文化的同时引入了表彰制度，努力培育地域文化，今天巴厘的住居和聚落的样态与这些观光业不无关系。

据说在荷兰统治以前巴厘岛存在七个王朝。当时的巴厘，王族依靠别人的智慧和策略发迹，建立小王国，由王子来统治的事例不少。王族一旦权力到手，就积极与爪哇王朝家系联手，强调血统的事时有发生，以掩盖地方豪族、国王争权夺势的动荡的社会结构。在这种弱肉强食的社会结构中产生了所谓国王导演，庶民作为演员和观众的"剧场国家"。

所谓剧场国家其实就是维持体制的一种手段；所谓制度、生活空间的构成原理就是地方豪族、国王编制的统治体制。荷兰将这个动荡的国家纳入了自己的统治之下后，施以固定化、安定化，但同时也不可否认地抽去了鲜明的文化精髓。

1920 年以后，以荷兰为首的西欧各国学者对巴厘的艺术和生活空间进行了科学的解释，在这一过程中恐怕也偏离或超越了巴厘人描绘的理想空间观。20 世纪 70 年代以后，这一工作被本土的学者承接下来，但对这一系列的构成原理的探究活动反而成为今日巴厘人生活空间思维的脊骨，不能否定有着将他们导向与原本空间不同的空间构成上的可能性。

思考题：

1. 巴厘人的自然观和宗教观对住居产生怎样的影响？

2. 空间内部的划分与宗教信仰有着怎样的关系？

3. 特殊的文化与聚落空间布置的对应关系如何？

第十节　中国台湾兰屿岛的住居

住居应具备环境调节功能，即将外界自然气候转变为人体感觉舒适的微气候。在季节变化大的地方，单栋建筑不能满足居住环境要求时，可以由建筑组群来应对，根据气候变更居住场所。这些方法仍不能解决问题时，就要开发其他的生存技术，以抵御严寒或酷热的气候。本节介绍位于中国台湾本岛东南的岛屿——兰屿的住居。

一、台湾和吕宋岛

南亚系诸民族依靠精湛的航海术在太平洋扩大了居住领域，台湾通常把这个地方视为住居起点。南亚族住居地的北部至今仍留有许多古老文化层，是台湾学者寻找蒙古人种移动和扩散足迹的重要线索。

台湾与南方的吕宋岛之间行列状地连接着一系列小岛屿，自古以来人、物、文化的交流以各种形式往来于此。然而，自从西欧的殖民地统治波及到这个地方后，情况就发生了变化，西班牙把菲律宾作为殖民地，确立巴丹诸岛的统治是在 18 世纪后半叶。巴丹诸岛北面有与巴西海隔海相望的兰屿，西班牙的统治没有波及到那里。台湾本岛本来就是南亚系诸岛的居住岛，汉族早先经过澎湖岛自西部来到这里，这股潮流也影响到了兰屿。汉族商人、清朝的视察团曾造访兰屿，但是没有在这里定居。台湾与吕宋岛连接的列岛中，只有兰屿没有受欧洲统治和内陆汉族的影响，因此保全了自己的文化，并使之得以发展。正因为如此，这个只有 3000 人的岛屿很早就引起诸多学者的关注。1897 年，日本学者鸟居龙藏在这里开始了最初的人类学的调查，他在 1902 年发表的《红头屿（兰屿）土俗调查报告书》是日本最早的真正意义上的人类民族志，兰屿的居民被称为雅美也是始于鸟居龙藏的研究。

二、扇形地的聚落和住居

兰屿位于台湾东南的离岛，雅美族原住民没有受汉族的影响，保持着独特的居住形态，人类学上属于南岛语族的马来语系。不仅性格平和善良，而且有工艺才能，特别是造船技术。兰屿是具有 45.7km² 面积的火山岛，现在岛的周围已经修建了道路，但海岸线上散布许多岩石，山形很陡，过去在岛内移动都很困难，岛外出行只能使用船只。穿过山谷的河流形成了扇形地貌，它面临的海岸与其他海岸不同，属于砂滨海岸。聚落是集村型的，面向海的坡地建造住居群，雅美族是台湾原住民中惟一从事渔业的民族，与海的关系密切，是台风的通道，高温多湿，对居住形态有很大的影响。

雅美族在这个扇形地带建造了聚落，并开垦了种植芋头的梯田，把岛上有限的砂滨用作港口。山上种有果树，同时也是木材、柴木的来源地。农业主要是种植栗子和芋头。兰屿住居外观如图 3-70 所示，其剖面图和平面图如图 3-71 所示。

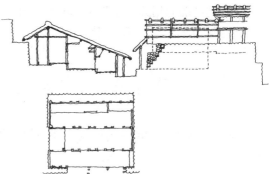

图 3 - 70　雅美族的住居

（来源：参考文献［12］，145 页）

图 3 - 71　雅美族的住居剖面、平面

（来源：参考文献［12］，144 页）

一般雅美族的住居由主屋、作业室、凉台、产房、仓库、船舱等附属建筑物构成，主屋和产房是竖穴式的，作业室和凉台是高床式的。主屋前面、侧面及后方留有狭窄的空地，作业室和凉台建在主屋前面或侧面的广场上，都是面海。

1. 主屋

主屋是雅美族的住居建筑中最复杂的建筑，为了防台风和冬季寒风，住居的构成是地面向下挖 1 ~ 2m，屋顶是山形的，从地面上隐约可见，平面为长方形。

在扇形地建造的聚落，每年要经受数次的台风袭击。冬天是北上的季风，为了御寒，住居首先要考虑防风。因此雅美族的主屋是建在地下 U 字形基地上的，是层高很低的地下住居，屋脊的布置垂直于山和海连成的线，从风的流向来看这个朝向最合适。过去屋顶为茅草屋顶，从地上只能看见屋顶，但是这种住居与穴居不同，因为主屋的前面（靠海一侧）有庭院，从楼梯下来，进入正门，来到庭院。站在庭院看上去，主屋不像地下住居，就像宅基地周围被石砌的高墙围合的地上住宅。由于扇形地不易存水，雨天竖穴内不会积水，通常还设排水渠，将雨水排入海里，以保持干燥。

主屋的形式有三种（图 3 - 72、图 3 - 73）：

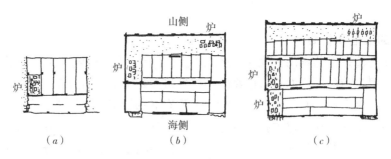

图 3 - 72　主屋的平面之一

（来源：参考文献［7］，154 页）

1）称作"巴辣古（Balag）"的最简易住居，一居室，也有附加前廊的，朝向海一侧设 1 ~ 2 个开口，如图 3 - 72（a）所示。

2）称作"泥金金（Nijingjing）"的中等住居，楼板标高分两级，靠山的一侧地面高的是主室，靠海的一侧地面低的是前廊，从前廊到主室设三个有推拉门的入口，如图3-72（b）所示。

3）称作"契纳巴坦"（Cinangbadan）"的高级住居，楼板标高分三级，各房间之间都有高差，越往里越高。设有中间室，共设四个开口，如图3-72（c）所示。

室内用木板隔断分成前室和后室，前室比外廊高一阶，后室比前室高一阶。因此，住居剖面为阶梯状，前室是铺木板的，用于孩子的卧室，两边是罐子、箱子、储物等，前室左右为炊事场。

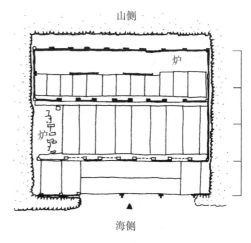

图3-73 主屋的平面之二

（来源：参考文献［7］，155页）

后室中央部有亲柱，亲柱的前面为老人卧室。后部的地方为土间，两边为储藏间，一般入口在前面有3～4处，后方1处的较多。都有60cm×60cm见方的小推拉门，室内的隔断也同样有3～4个入口。

一层夏季作为卧室用，高度与地面几乎齐平，地下室用于仓库，平面为长方形，木地板。为防止海风，前面有简单的防风墙，入口设在两侧，伸出地面的墙为双重，中间可以放东西。夏天作业室的入口开敞，为防止冬季台风装有门，柱子和墙有花纹和雕刻，室内有各种装饰，与主屋相比作业室通风采光好，春天和秋天也常使用，故称为"春秋屋"。凉台不仅是酷暑的夏季的休息场，也是就寝、就餐、作业场，一般视野开阔，建在直接可以眺望海的地方。另外在凉台上与过路人寒暄，与邻居打招呼，也是社交场所。

产房是新生儿出生后，夫妇临时的睡房，规模很小，地下挖1m深，平面为长方形，入口只有一处，屋内铺地板，一端放有坛子。

2. 住居的转用

主屋具有抵御强烈台风的牢固性和防寒性，但是在高温多湿的夏天有着难以忍受的酷热。因此基地内不仅有主屋，为考虑通风，一般还设有副屋、凉台，这些都与主屋不同。建筑沿着连接海与山的轴线布置，副屋通过在山墙的开口将风引入室内。为了防风，副屋的屋顶做得很低，周围有石墙环绕。从外观上难以知晓内部是高床建筑，可以就寝和就餐，有着补充主屋的功能。凉台是不设固定墙面的小高床建筑，通风好，在酷暑的季节提供有阴凉的舒适空间，具有就餐、就寝、团圆、接待客人的功能。由于常有台风带来的灾害，凉台即便被破坏很快就可以修复，是易于修复的建筑。

主屋前的庭院也是重要的生活空间，视野好，可以俯视大海，这里放有带靠背的石头，到了捕鱼季节，飞鱼很多，因此庭院中建有晒鱼的架台。白天有屋顶的凉台很舒适，夜里在庭院有靠背的石头前小坐，以满天星空为天篷，海风拂面，明月倒映在宽阔的海面中，可以看到大海波动的景色。这种与海在视觉上保持连续的聚落，正因为住居是地下的才有可能。

雅美族的住居的特色就是在一个基地上建造主屋、副屋以及凉台等建筑群，冬天就寝、就餐在主屋，夏天转入副屋或凉台。这种按照季节更换住居，可以说创造了适应环境的居住传统（图3-74、图3-75）。

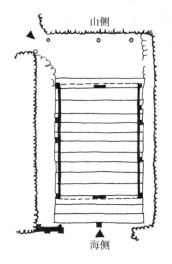

图3-74　副屋的平面

（来源：参考文献［7］，155页）

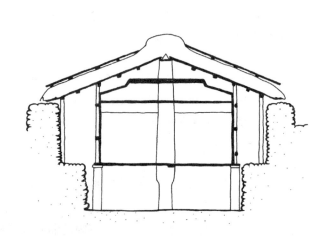

图3-75　副屋的剖面

（来源：参考文献［7］，155页）

传统文化的宝库——兰屿，目前在许多方面面临着文化丧失的危机，尽管如此，现在在村庄仍可以看到屋顶两端反翘的雅美族特有的船形构造。但是对木板挥舞斧头的不是造船的木匠，而是乘船的"乘客"（居民）。不仅如此，雅美族社会不存在专业人员，生活必需品都由自己制造，这是雅美族的传统。住居也不例外，从材料的收集、加工、组装到完成，连竣工典礼都由业主个人负责，建成什么样的房屋完全取决于个人能力和技术。

称为"米巴拉伊"的竣工典礼，举行以传统歌谣（号子歌和古歌）为主题的演唱会，彻夜狂欢。这时集合起来的许多居民被邀请来的他乡客人所包围。主角是建房的业主，在竣工典礼上，要准备大量的芋头和猪肉分给来宾，跳大盘舞，为了准备这个仪式，从种植芋头的水田建设开始，需要数年的工夫。

该仪式分别在建造中档、高档住居的主屋以及高档住居的副屋时举行，首先在船上进行雕刻，雕刻完成后进行。在此之前有几场小的仪式，其规模大小经常是雅美族人谈论的话题，仪式不仅表示完工，还可以提高个人知名度。

雅美族以核心家族居住为原则，结婚后自己自力更生建造新家。在没有建新房之前可以暂时住在父母家的副屋内。最初盖的房子是简易房，建成后也没有必要举行盛大的庆祝仪式。为了渡过夏日的生活，一般家庭建造凉台，比较富裕的家庭建造简单的副屋。雅美族的社会威望竞争激烈，为了缓解这个竞争，雅美族对出人头地的观念进行抑制。年少者即便有经济实力也不允许一开始就建造高档的主屋，一般是先在入口处建3间中档住房，举行仪式。雅美族的住房是埋柱式的，耐久性达10~20年。然后为下次翻修准备材料，不久就将中档的主屋升格为高档住宅的主屋，副屋升格为高档住宅的副屋。

3. 地下住居

兰屿以南分布着与巴西海隔海相望的巴丹诸岛，雅美语和巴丹岛语同属一个语系，自然条件也类似，文化上有很多共同点，从兰屿人的口头传承中得知兰屿岛民与巴丹岛民之间历史上曾有过交易，相互也有移居的，后来由于西班牙的入侵，使这些交往中断。因此研究雅美文化时，与巴丹诸岛的比较研究的视角是不可忽视的。

现在看到的巴丹岛的住居是平地式的，不存在兰屿那样的地下住居。有一些资料可以了解西班牙进入巴丹岛之前的有关情况，据 1668 年漂流到巴丹岛的英国海盗的记录得知，当时的住居是建在隔海相望的内陆坡地上的，但是没有留下有关地下住居的记载。

目前还没有发现与之相似的近邻住居形式，由此可以认为兰屿地下住居是兰屿人独特的发明，这一认识是基于对兰屿的扇形山地的开发上。

据雅美族人的口头传承得知，过去聚落是建在更加内陆的山中，当时种植栗子和白薯等山中作物的旱田是农耕的中心，由于山的地形、树木能削弱台风的力量，在此没有必要建地下式，可以建平地式住居，梯田只限一部分。而后开始在扇形地造水田，农耕的中心由种芋头的水田取代了种白薯的旱田，这时聚落也随之建造在扇形地上，为了躲避来自海上的台风袭击，发明了现在所看到的地下住居。

雅美族的主屋和副屋，潜伏在地下的部分，搬到地上来，就形成平地式住居与高床住居的结合。高床仓库在东南亚、东亚是常见的建筑形式。以多个建筑对应不同气候的雅美族住居是在扇形地原有的建筑上组合复原，以适应气候进行改造而成的。

随着扇形地的开发，兰屿被周围的岛屿所孤立，于是人口只有 1000 ~ 3000 人的微型社会就出现了复杂的内部联姻关系，聚落间、亲族间的争斗减少了，兰屿的孤立也许恰好让兰屿岛民享受和平时代的安宁。正因为如此雅美族开发开放的扇形地，建造安定的水田，构筑有地下住居的聚落，发展独自居住空间才有可能。

思考题：

1. 雅美族住居与居住方式是如何适应气候的？
2. 雅美族住居是如何巧妙利用地形的？
3. 住居与农业的关系以及民俗文化（竣工仪式）的意义是什么？

第四章 欧美的住宅与居住区

第一节 概述

本章介绍欧美的住居与生活，考察其历史起源和演变，用对比的手法描述欧洲的各种住宅类型的特点以及欧美人的居住意识。主要分欧洲和美国两大部分。

一、欧洲

欧洲有着悠久的居住文化历史，住居也呈现多种形式，主要有以下几种住宅类型：

1. 中庭型住居

中庭型住居形式广泛分布于世界各地。北至丝绸之路，南至印度的干燥地带、非洲撒哈拉沙漠以南，从苏丹、喀麦隆到马里。此外，在美索布达米亚、埃及、希腊、罗马的上流阶层的住宅也都带有中庭。从地域的分布和历史溯源来看，中庭型住居是与干燥地区人们生活密不可分的普遍的住居形式，而且除了中国，中庭型住居几乎涵盖了基督教、伊斯兰教等神教地域。

在南欧的西班牙安达卢西亚至今保留有古罗马、伊斯兰时代一脉相承的称作 Patio 的中庭型住居形式。中央设有水盘，四周围有列柱，呈现出左右对称的格局，中庭是整个住居的核心。由于地处干燥地域，中央的水盘象征着干燥风土中的湿润和富足。从罗马时代带有柱廊的古典式的 Patio 到没有柱廊的小规模的 Patio 都极尽奢华，用花草点缀地面和墙面，向人们展示着中庭的风采。人们以中庭为核心生活，中庭成为重要的户外空间。

希腊的基克拉泽斯在城邦时代中庭型住居也是主要的形式，12 世纪被威尼斯统治后逐渐消失，面对街道带有外楼梯的阳台富有街坊型住居的特色。

2. 集合住宅

据考证现代住宅的主流类型——集合住宅早在罗马时代就出现了。位于罗马近郊的奥斯蒂亚保存了完整的住居遗迹。据文献记载公元 600 年这里是作为要塞发展起来的，公元后发展成为人口 6～10 万人的商业城市。发掘遗迹中有密集的城市居住区，有诸多的集合住宅。集合住宅有两种形式，一种是积层式的，有着统一的入口和楼梯，最高达 5 层。另一种是长屋式的，呈行列式（横向连接形式）布置，可以从街道直接进入各户，面积很小，每间 3m×3m，没有炊事和排水设备。可以说这两种集合住宅的形式是后来联排住宅和高层住宅发展的雏形。

1）联排住宅

联排住宅是中世纪欧洲普遍的住居形式。本章主要介绍了英国、巴黎、意大利和德国等国的实例并进行了对比。英国中世纪的 3 层联排住宅 Townhouse 应为集合住宅的早期形式，生活阶层为上流阶层。住居是立体地垂直地构成，反映了城市的高密度，但从规模上看并不是很奢华。社交部分放在1层，私密部分放在2层以上。不是以家庭团聚的居室为中心，而是以人们的社交为中心。

法国巴黎4~5层的集合住宅是其典型的住居模式。一般把商业放在1~2层，3层以上用于居住。在法国，人们把居住在城市中心，同时享受乡间自然的生活视为最理想的生活方式，因此一个家庭不仅有城市的住房，而且拥有乡间别墅，把城市作为生活基地，把乡村作为生活补充。

2）高层住宅

19~20世纪是人口急剧增长的时代，在郊外开始出现了高层住宅，例如伦敦郊外的罗汉普顿达到了15层，高层住宅解决了房荒，改善了居住条件。同时也带了单调、乏味、煞风景等问题。

本章还叙述了集合住宅的构成原理和三要素（住户、住宅楼、动线），从理论上阐述了集中居住的意义、公共性以及秩序。

3. 乡村别墅

独立住宅是古今中外人们理想的住居形态。意大利中世纪建造了大量的豪宅别墅，成为后来欧洲诸国富豪们效仿的模式。17世纪开始，英国贵族们为显示权贵建造豪宅别墅。本章介绍的布鲁顿府邸、沙伊亚府邸、红房子等是其典型实例。同时，以萨伏伊别墅为代表的个性化设计将住宅设计推向了新的高度。

4. 街区规划

本章还结合住宅介绍了街区规划的历史和发展。欧洲有着传统的巴洛克式封闭型街区的传统，是自然形成的。20世纪初，柯布西耶的城市型集合住宅的理念在世界上得到广泛传播，开始采用卫生的、可以平均得到阳光的行列式布局，即开放式的街区。但是20世纪下半叶，人们发现具有开放性的住宅虽然得到了阳光，但是没有形成一个生活领域，归属感淡漠，缺乏安全性，甚至成为犯罪的温床。于是人们重新认识中世纪以来的传统封闭街区的空间形态的优势，尝试在新的住宅区中进行继承和改良。诸如阿姆斯特丹、维也纳的马洛库霍夫以及斯德哥尔摩等实例具体介绍了规划手法和实态，说明了围合布置的特征和优势。

二、美国

美国是只有几百年历史的现代化国家。美国大城市中有超高层（摩天大楼）住宅，郊外有成片绿地环抱的独立住宅，以及面积宽阔的新城。本章主要从这三个方面探讨美国的住居和生活的状况。

1. 超高层住宅

美国是土地大国，人种较多，在主要城市都可看到摩天大楼，有着在城市居住的传统，人们习惯于超高层的居住生活。例如约翰·汉考克大厦是地上100层的超高层建筑，是世界上最高的集合住宅，楼栋内不仅有住宅、停车场，还有超市、办公用房，以及游泳池等体育设施，是在完全脱离地表的高空形成自立的生活圈。在这种大型综合体的设计中，实行酒店式管理，全面考虑了不同人群混合居住的合理性和安全性。

2. 郊外别墅

另一方面，在郊外也有豪华的独立住宅，英国的田园城市的规划思想也影响了美国，20世纪初在曼哈顿郊外的理想乡——森林花园就是为了实现田园城市的理念建造的住宅区。这是18世纪复古的设计，村路像自然形成得那样蜿蜒曲折，到处是个性化的街道小品，而且在文化层面上也是有着历史积淀的。

美国人的择居意识是分阶段考虑的，单身到婚后生育之前这一阶段为充分享受城市的优越条件——娱乐设施、文化生活等居住在城市，在养育子女阶段需要安全的户外场所，加上雇用保姆的需要，搬到郊外去生活，待子女长大结婚后，老夫妇搬回医疗方便的城市中心是一般做法。美国人选择住宅的价值观是比较着城市与郊外住宅的优势根据自己的实际情况进行更换的，这与亚洲人居住意识有着很大的不同。

欧美城市，住宅规模基本在户均100m²左右，即便是历史街区名城留下的较大的住宅遗产，不足100m²的也很多，因此只从城市住宅规模来看世界各地几乎位于同一个水平。

衡量住宅的价值除了规模的指标外，新的视点是强调成为新的存量——可持续居住的住宅，与石油矿产资源不同，住宅是恒久性的人工环境，考虑到今后自然资源枯竭问题，住宅是重要的社会资源，在这个意义上，现在或今后建造的住宅，在规模上要有发展空间，可以满足未来的生活，有着可持续性，才能体现住宅的真正价值。也许当住宅建设属于非营利活动时才能真正实现居住的丰富性。欧美诸国迄今主要是砖石砌筑的建筑，这类住宅虽然在规模、保温以及采光等方面上都存在着一些问题，但是在持久性上极具优势，从这个角度评价，可以说欧美的人工环境资源是丰富的。

没有受到现代化辐射的未开化社会的生活，从住宅、工具这样的硬件到生活方式等软件一切都是人类自身的徒手操作，还没有被技术革命、信息革命所驱使而大规模地改变住宅和生活，因此保留了原生态幅员辽阔的丰富景观。以这样的社会为基准来观察现代住宅与生活，就会发现我们得到的东西很多，然而失去的也不少。

20世纪被称为"市民时代"，其背后有开始发展的产业技术和脱离、超越统治的自由思想，这些创造了19世纪前的欧美国家，是欧美国家的历史。这些确保了欧美国家与今后社会的许多连续性，生活逐渐方便了，但是并没有否定过去的生活。例如，宗教仍与所有的生活息息相关，虽然医疗、教育、政治离开了宗教，但是宗教依然是信仰的核心。

偏远地区由于新信息没有得到迅速传播，因此没有纳入国家共同的政治体制，处于纯粹的未开化状态，虽然没有完全独立的生活和文化，但是却始终在生活和文化的历史延长线上，经营着现今的生活。在那里，不仅生活和文化的本质的东西被整体地继承下来，而且将一部分现代生活用品——冰箱、彩电等引入了传统生活中。

第二节　欧洲的中庭型住居——南欧的住居

本节通过介绍位于南欧的西班牙安达卢西亚的中庭型住居和希腊基克拉泽斯群岛的街坊型住居的实例，思考不同于亚洲中庭型住居构成原理的南欧的住居形式。

一、安达卢西亚的中庭型住居

西班牙安达卢西亚至今保留有古罗马、伊斯兰时代一脉相承的称作 Patio 的中庭型住居形式。

1. 从 Patio 看中庭型住居的构成原理

在安达卢西亚地方的旧城区中，保留有不少建设年代古老的中庭型住居。其中，以 14～15 世纪的科尔多瓦一带的住居最为典型。科尔多瓦由伽太基（非洲北部一古国，今日的突尼斯附近）人建造，公元前 2 世纪以后处于古罗马帝国的统治下，作为殖民地首都而繁荣。到了 8 世纪倭马亚王朝（661～750 年）把这里作为穆斯林西班牙的首都，在以后的 3 世纪中使科尔多瓦富有财富和名气，科尔多瓦的旧城区是在这样的古代、中世纪的古建筑上建造的，在 Patio 中庭原封不动地使用发掘出的古代列柱的痕迹依稀可见。

图 4-1 展示了两个科尔多瓦中庭的平面模式。一个模式是罗马时代回廊式的古典中庭，住居被没有窗户的围墙围合，所有房间的门窗都朝着中庭开启，进入住居的入口位于角隅，从街上不会直接看到中庭。中庭中心的构成原理是：中庭的中央设有水盘，四周为列柱（柱廊），表现出执意维持左右对称的意匠。可以说中庭就是整个住居的中心，而且中央的水盘在干燥的风土中象征着湿润和富足。

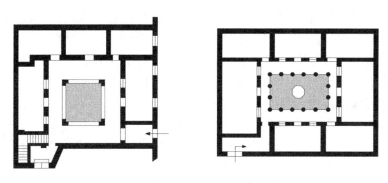

图 4-1　科尔多瓦 Patio（中庭）模式

（来源：参考文献 [6]，40 页）

另一个模式是基于某学者通过调查归纳了中庭特征做成的。在此，形成中庭的墙的另一面可以作为户界墙使用，而且家宅不是矩形，而是采用切进邻接宅地的形状，这种变形影响了房间的布置和开口部位。虽然是变形的，但是从图中仍可以理解极力维护中庭中心性的住居空间意匠所在。

真实反映这种中庭型住居构成原理的建筑多分布在地中海对岸的马格里布一带，在马格里布称中庭为"搭"。图 4-2 是摩纳哥菲斯的"搭"与科尔多瓦 Patio 的对比。其类似的构成是历史的必然，都是在中庭的装饰上极尽奢华，在中心有蓄水池。不过在使用方法上不同的地方很多，分别反映了各自的文化，伊斯兰的"搭"在居住方式上浓厚地反映了家长、性差异的文化性质。在中庭的装点上，"搭"不像 Patio 那样摆放家具、装饰品，而是用植物覆盖。构成"搭"的地板、墙体、顶棚完全是几何形构图并施以雕刻，倾注了感性，排斥家具，其存在极具抽象性。

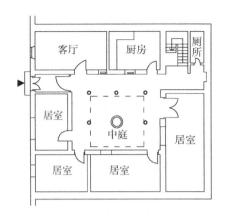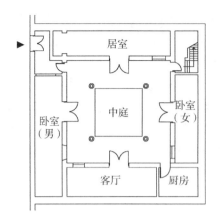

图4-2 科尔多瓦 Patio 平面（左）与摩洛哥菲斯中庭平面（右）

（来源：参考文献［6］，41页）

2. 以 Patio（中庭）为中心的生活

科尔多瓦的 Patio 规模小，多属于一般平民的住房，人们尽可能有效地展示中庭，各显其能，用花草装点地面和墙面。他们深知美丽的花草甚至比经过设计的空间形制更吸引人，因此从使用罗马时代圆柱的古典式 Patio 到没有柱廊的小 Patio，都热衷于用盛开的花草点缀。透过铸铁门都可以感受到居住者对 Patio 倾注了大量的财力、智慧和劳力，以及他们各自描绘的地上乐园的图景，其智慧和劳力强烈地反映出他们心目中理想家园的内涵。Patio 之美是对居住者平素努力的公平回报，同时意味着人们站在同一水平上满足自我显示欲。

Patio 的装饰手法是由无数的花草来象征的，中央设置大理石的水盘，放有大理石的雕像，周围设有柱廊等，空间很丰富。特别是地面装饰使用大理石、白玉石的地砖，比室内装修更具高规格。建设过程是先决定 Patio 的规模和形状，各室位于从属的地位，可见比起居室来，人们更重视外部空间 Patio 的设计（图4-3）。

另外，Patio 作为生活空间发挥了重要的作用，虽然很少成为平日的生活据点，但是到了气候宜人的舒适季节，四周房间的生活自然面对 Patio 尽情洋溢，外廊装饰着鲜花，摆放着座椅或读书用的小桌，挂着钟表和油画的也不少，总之装饰都尽可能不破坏中庭的基本风格。因此，Patio 表现了家族对社会的姿态，同时发挥了促进家族团聚、维系家族的纽带作用。

图4-3 科尔多瓦 Patio 轴测图

（来源：参考文献［27］，120页）

3. 南欧型的住居和街坊构成原理

对外由厚墙封闭，对内各房间向中庭开敞，这种向心形的空间构成可以说是中庭型住居的原理。其形制因地而异，但是固有的中庭形式由于其向心性，培育了共同居住的人们的微型宇宙意识，从而促进了潜意识中的自我为中心的世界观的形成。

　　图4-4表示中庭空间从住居到街坊最后到城市、聚落的演变过程。3世纪古代罗马时代出现了带有中庭的集合住宅，到了中世纪出现了今天欧洲城市普遍可以看到的，由多个建筑围合一个中庭而形成的街坊模式。这种街坊下层为商店、工作场所，上层拥有许多住居。进入住居要通过几道限定的入口，到达中庭后是通往各户的楼梯间。中庭同时也是居住者的流线枢纽，象征共同性的场所。因此，住居可以与房间置换，中庭可以与Patio置换，街坊可以与中庭型住居体系置换。

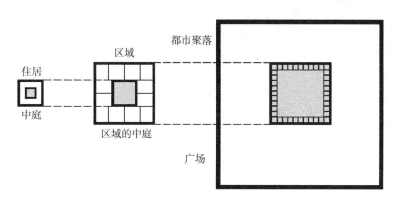

图4-4　中庭空间的构成原理和规模尺度的互换基准

(来源：参考文献［6］，44页)

　　另外，城市、聚落也有类似的特征，虽然广场不一定都由街坊建筑群围合构成，但是在当地居民的意识中，它无异于城墙内的住居、或作为街坊共有的中庭而发挥着作用，面对广场设置教会、政府大楼等中心设施，以广场为舞台举行节日庆典和集会。城市、聚落由城墙界定的边界物理地表现出来，但其集合的实体可以说在于广场的中心性。因此，这个广场（相当于中庭）也是城市、聚落象征性的存在。

二、基克拉泽斯的街坊性住居

　　基克拉泽斯在城邦繁荣的古希腊时代，中庭型也是主要的住居形式，而现在是面向街道带外楼梯阳台的富有特色的街坊型住居。

　　古希腊时代，在基克拉泽斯群岛各城邦国家群雄割据，贵族们居住在中庭型住宅内，在历史上一度成为海事同盟据点的提洛斯[①]遗迹中，发掘出大量的带有外廊的中庭型住居。基克拉泽斯的中庭型住居的系谱持续到拜占庭时代（4～15世纪东罗马帝国），但从威尼斯12世纪统治了这块领土后逐渐消失。因此，在今日的基克拉泽斯，像Patio那样的明快的中庭型住居已不复存在。但是上溯到拜占庭时代成立的修道院建筑，以及威尼斯时代的要塞聚落的构成上仍可看出中庭型构成原理。米科诺斯的托鲁丽阿尼修道院周围，僧房、食堂等公共设施像城墙那样环绕，便是基克拉泽斯典型的修道院风格。12世纪以后，在威尼斯、土耳其的统治期间，希腊正教的教堂在抵制异教徒宗教改革的运动中，发挥了城堡的抵御作用，特别是保留了中庭型的修道院构成，成为保护基克拉泽斯地域文化的中

----

　　①　希腊各城邦于公元前478年在提洛斯岛上缔结海事同盟。

心。图 4-5 是威尼斯人在帕洛斯构筑的要塞，也与修道院的空间构成相似，只是将教堂换成了炮台而已。

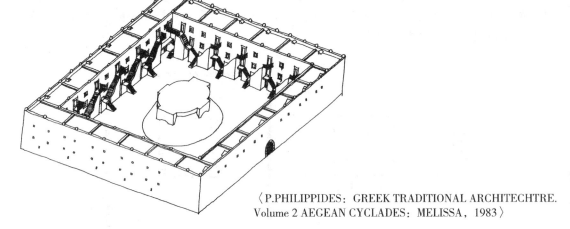

〈P.PHILIPPIDES：GREEK TRADITIONAL ARCHITECHTRE.
Volume 2 AEGEAN CYCLADES：MELISSA，1983〉

图 4-5　安提帕洛斯的要塞

（来源：参考文献 [6]，46 页）

上述这些中庭型设施的共同特征之一是作为进入住居的中介空间，都设有带楼梯的阳台，比如修道院的僧房和城堡的住居都设有外楼梯，同时室内都没有另设楼梯。连接上下楼的交通流线在通路上暴露出来的基克拉泽斯地域的集合原理，可上溯到威尼斯时代。

1. 基克拉泽斯人的居住观

基克拉泽斯人尽管受西欧的影响，但仍甘愿生活在传统的社会中。支撑他们居住观的根基是神话和正教，而且传统的继承与父系血缘的同族集团①有着深刻的渊源关系。米科诺斯的人们把氏族视为社会集团的基础，近亲同宗集中居住在祖先长眠的私人教堂附近。

古老的基克拉泽斯始祖的故事流传至今，据说在公元前 16 世纪，他们的远祖逃离克里岛，在米科诺斯漂泊的腿疾残障人与米科诺斯的美女相爱，由此繁衍了 Clan 氏族，这一氏族起源的传奇与希腊神话登场的《二神》如出一辙，这两个始祖就是希腊神话描写的奥林比亚 12 神②之一，幽居在克里岛残疾人赫菲斯托斯③与在爱琴海乘帆船旅行的美女阿奕罗狄斯（美和恋爱的女神）相遇。在传说中没有出现诸神的名字，可以说他们的文本就是希腊神话的翻版。

神话中其中有一节还记有这样的故事：过去这里渔民的日子很苦，不得不到内陆从事畜牧业，到了旅游旺季，观光客人要吃海鲜，水产供不应求，牧民就去捕捞，厌倦了捕鱼生业的神伊里阿斯手拿一套渔具登上山顶，教授牧民渔具的使用方法。在基克拉泽斯，神

---

① Lineage 血统，Clan 氏族。

② 希腊神话中出现的众神。

③ 火和锻冶的神。

话就像圣经那样有生命力，基克拉泽斯人遇到问题就从教义中寻求答案，慢慢将脑海里的神话呼唤出来，补充信心和力量。

神话活在他们心里，而正教与日常生活密切相关，在希腊，一般一年中的节假日都是按照正教的年历进行的。在基克拉泽斯岛几乎都是围绕基督教、圣人的祭祀。独立纪念日等原本与正教毫无关联的仪式，也必须在教区的教堂举行典礼仪式，这是一系列庆典的序曲，接着司仪们念着圣书，在街上行走，引领着市长、居民以及驻守的军队，不论与教堂有关与否，每个节日都周而复始地重复同样的流程和队列。

2. 带外楼梯阳台的住居与居住方式

米科诺斯街上的住居，几乎不留空隙地密集排列着，称作"多罗茂修"的通路迷宫般地穿插其中，当地的住居一般为两层，开间窄，进深也浅，一居室构成是其基本型，即便内部有隔断，也只能是内部设一个没有窗户的小房间。通路一侧附设一个带外楼梯的阳台为一个住居单位，十分容易建造。

住居方式也很独特，一般一层为居室兼客厅称为"萨拉"，二层用作卧室，萨拉的一角是厨房，萨拉一般都摆设沙发兼作午睡和临时客人的床位，墙上挂着镶满家庭成员照片的大镜框、圣人的圣像、绘画以及各种装饰品等，这些物件传达着家庭的信息和主人的价值观。家族从早上起来到晚上入睡，多半时间是在萨拉度过的，同时也在那里接待客人。

二层的卧室一般都放有宽1.4m左右的小双人床。根据正教，基克拉泽斯的夫妇，除非过世将两人分开，终生都要一起睡在不适合他们体格尺寸的非常狭窄的小床上。不过卧室很大，很气派，其装饰类似萨拉。有孩子的家庭将卧室再间隔出一个小间，在内室放置儿童床，孩子进入自己卧室必然穿过父母的卧室。成长中的孩子即便是异性也没有区分卧室的习俗，只是按代别分房，同代同室是其特色（图4-6）。

基克拉泽斯人的住居最显著的特点是上下房屋由室外楼梯连接。而如今在住房内安装楼梯的住户多起来，但过去只有在通路一侧的外楼梯，通路是住居面对的惟一的户外空间，楼梯下面是厕所，在阳台上做外排水。因此楼梯是连接厨房、卫生间以及上下楼的住居流线的重要交通枢纽，同时配套地设置在狭窄的通路上，呈现出与邻居毗连的状态，将来客置于左邻右舍的视线下。这样日常生活和生活物品势必会展现在通路上，而且构成划一的住居聚集在一起。一日之内数次出入通路、上楼下楼，与邻居碰面，这是促进友好邻里关系的手法（图4-7）。

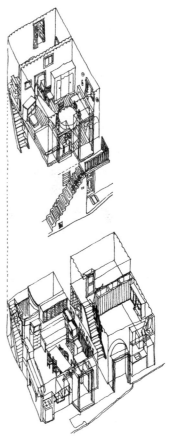

图4-6 米科诺斯的渔民住居
（来源：参考文献 [6]，51页）

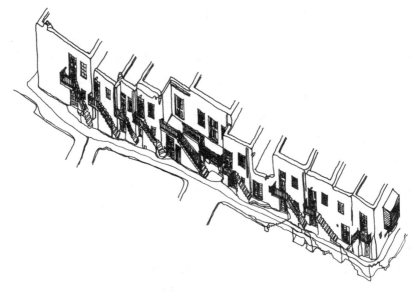

图4-7　外楼梯阳台构成的街景

(来源：参考文献［6］，52页)

3. 带外楼梯阳台的住居集合原理

分散在聚落中的私人（家族）教堂处于迷宫式的聚落空间中，维系着核心家庭，使之自然形成亲密的邻里社区。在旧教堂的周围，至今还有同属一个教堂的氏族分解成核心家庭居住的现象。他们以教堂为精神寄托，过着守望相助的生活。其社会体系的成功有两个方面的因素："普里卡"（嫁妆）和"托里斯"（新房）。

不仅是基克拉泽斯，希腊也有称作"普里卡"的根深蒂固的习俗，就是新娘给新郎的嫁妆，在"普里卡"里包含新房。按新娘嫁妆的内容，新郎家族授予系属氏族相应的地位，新娘的父亲根据女儿所嫁的对象情况决定"普里卡"的内容，因此新郎的父亲为了儿子在氏族、周围邻居面前有面子而极力周旋，对"普里卡"的内容很在意。

基于当地住房所有权可以按楼层划分的情况，新房可以自由流动。即便有空房，购买整栋房屋的机遇和资金都很困难，但是购买一个楼层就比较容易。实际上新娘的父亲往往是特意购买新郎家附近的住房，稍加装饰后就可以作为新居赠与新郎。在他们看来如果在姓氏大家族集中居住的领域，插入毫无血缘关系的人群似乎弊多利少，这一观念自然促成了比较平衡的空房周转机制。

米科诺斯的住居特征是几乎所有的住居都设有带外楼梯的阳台，暴露在通路上，因为住居朝着惟一的户外空间——通路展示生活，因此室内的空气调节以及住居流线的枢纽都依附于通路。

这样的构成与中庭型的住居有着相同之处，在空间构成上，把通路作为中庭，面对通路的住居群就像面对中庭一样，虽然通路与中庭在物理空间上是异质的，但与以教堂为中心，姓氏家族以核心家族的形式集合居住的方式是一样的。这种通路超越了通常的里弄、通道的概念，表现出中庭的空间形式。与 Patio 等中庭在强化和维系家族上发挥的纽带作用一样，通路也在不断强化维系着氏族集团和聚落人们的纽带作用，可以说是统合住居单位，并把住居置换为街坊、聚落的要素。通路具有让聚落的人们就像居住在一个大家庭一样，形成命运共同体的潜在的空间力量（图4-8）。

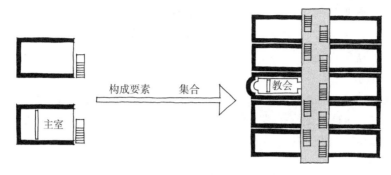

图4-8　以教堂为中心的住居集合模式

（来源：参考文献［6］，54页）

思考题：

　　1. 南欧的中庭型住居的构成特色有哪些？

　　2. 南欧的Patio与亚洲中庭的有何异同？

　　3. 南欧的住居与街道是什么样的关系？

　　4. 南欧的居住观与宗教信仰有着怎样的联系？

第三节　欧洲的集合住宅的起源

　　所谓城市住宅是什么样的住宅？许多人集中生活的城市有什么特点？本节通过对世界历史中最古老的罗马城市住宅遗迹的介绍，思考城市住宅的起源、意义和特征。

一、城市住宅的传统

　　1. 集合住宅的起源——罗马奥斯蒂亚

　　在罗马留下了不少保留有住居和住居群原貌的古代城市遗迹，其中位于罗马近郊特韦雷河畔的奥斯蒂亚是保存比较完整的遗迹。据文献记载，公元前600年时，这里曾是罗马的军港，并作为要塞而建的奥斯蒂亚。那以后，随着罗马文化、经济的繁荣，公元后发展成为人口6～10万的商业城市。发掘的遗迹中有密集的城市居住区，也有诸多集合住宅。当时罗马把独立住宅称作"多姆斯"（Domus），把集合住宅称作"银秀拉"（Insulue）。集合住宅有很多户共同生活，许多住宅建造是积层式的，据说奥斯蒂亚的住宅最高达5层。在母城罗马，皇帝奥古斯都（公元前13～14年，罗马帝国第一位皇帝）曾张贴告示，不允许建20m以上的集合住宅，这个告示成为后世有名的建筑法规的雏形。

　　奥斯蒂亚集合住宅和独立住宅虽然是相互独立的类型，但是作为城市建筑也与居住以外的建筑如商店复合，在历史上有"多姆斯"的增建成为"银秀拉"的，此外，介于中间状态的也很多见。

本节介绍的黛安娜的家就是从"多姆斯"增建为"银秀拉",二层以上是扩建的建筑,该建筑位于有饮食店和办公楼的商店街,一层为商店,入口有两个:一个是这栋住宅所有者进入"多姆斯"的入口,水平方向连接内部,直通向有泉水的光庭;另一个是与"多姆斯"入口并列的,入口处有一个楼梯,可以直接从街道进入二层的公寓。

2. 城市和住居

城市的生活与狩猎农耕等原始生活不同,人们汇聚在城市,有的经商,有的靠手艺谋生,他们制造所需的产品,然后相互交换,也与境外做生意维持生活,有的也像现在的官吏、政治家那样,从行政上支持他人的城市生活,有的还从事与娱乐、文化有关的职业。城市与其边缘的农村、未开化地域的生活不同,人们集合居住,有商业、娱乐以及其他繁荣的文化活动。

因此城市与农村不同,人们不是居住在独立的住宅中,而是高密度地居住,与其他如商店、娱乐设施等非居住设施为邻进行生活。

城市家族生活与每个时代的家族形态相对应,虽然各个时代的生活方式不同,但同时代比较,与农村没有太大差别。从家族史来看,昔日大家族是以家长为中心进行生活,到了近代孩子们的生活独立于大人,连房间都有了区分,再到了现代是核心家族,孩子的养育受到了重视,家庭生活也随之改变。但是农村的生活方式与同时代的城市生活方式相差无几,也依照着同样的模式发生变化。欧洲的城市住宅基本是传统的,一般把住居部分放在商店的上面或后面,这样可以远离市区的道路,避开市区的喧闹和有危险领域。

3. 集中居住和措施

针对城市生活集中居住的特色,一般居住区制定一些规则以维护秩序。首先将住居分成几个大的领域:即居住者可以共同使用的广场、集合设施、公厕等公有领域,与每个家庭的生活单位——专有的住宅领域相区别,分别把它们称为"公"的领域和"私"的领域,奥斯蒂亚是一个平面展开的城市,也严格地分成"私"的居住场所和其他的"公"的场所。此外,城市生活还需要住居中的水源和排泄物的处理等城市生活辅助设备,还要制定这些市政设备的设置和使用管理规则,这些城市设备统称为"市政设施"。当时的奥斯蒂亚已经有了完善的道路网和高度发达的城市水网和排水系统,可以说是相当先进的。

对居住区整体来说,设备配备关系要合理化。从现代实态来讲,对于诸多的城市居住者,在更便于出行的城市中心应布置人们经常使用的设施,在城市的边缘、郊区,除了基本的、必要的商店、学校外只布置住宅是一般做法。奥斯蒂亚就是采用将设施集中在中心部,周围建造住宅的布局。不管中心部还是周边,各个场所都有特色,分别形成各自的领域。例如黛安娜家是住宅的同时又作为一个地区,还是中心部商业街集中的界限(图4-9)。

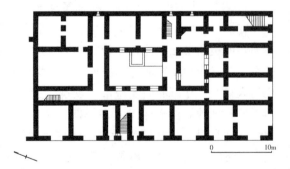

图4-9 奥斯蒂亚黛安娜的家(公元150年左右)
(来源:参考文献 [6],57页)

在城市，中心部建筑是高密度，郊外是低密度，结果是中心部住宅拥挤，有的地方高层化，空间被重复利用，出现了一层、二层由不同用途的建筑组成的现象，甚至建四层或五层。一层为"多姆斯"，二层为"银秀拉"的黛安娜的家就是实例。

二、民居的传统

1. 英国民居园（文化村）的雏形

奥斯蒂亚的实例反映了城市住宅和居住区的机制。进入住宅首先看到玄关，然后是中庭四周列柱回廊式通道，各房间朝向中庭布置。这种形式的住宅在地中海沿岸的非洲及欧洲的意大利、西班牙等地是传统的，但与日本的居住传统略有不同，日本是外庭型的。

英国的民居园位于多佛尔海峡附近的苏萨克斯基，主要展示从英国南部移筑到这里的住宅遗产。其中有一个传统的烧炭人的小屋，其形态接近于竖穴住居，用坚硬的木头在地下挖出椭圆形状，沿着凹槽的周围建造的圆木小屋，在其顶部缠上蔓草，做成圆锥状的屋顶。屋顶材料是树叶和桧皮，上面再覆土。中间有一羊肠小道贯通椭圆形内部的直径，两个半圆形室内用土垫起来的高台作为床，都是一室间，这就是住居的起源。

民居园还移筑了中世纪的城市住宅、农家住宅（图4-10）。所有类型的住宅都是15世纪的，住宅的正面（长边）是入口，几乎是直通内部，厅里有篝火暖炉。可以想象先民们在其周围进行家庭作业、就餐，有时会睡在那里。与一居室不同，住宅除厅以外还有食料库、工具房等，一层入口厅的旁边是居室（Parlour），从那里有上二层的楼梯，上面有卧室（Sorlar）。到了中世纪，住居内有了房间的概念，住居划分为距玄关最近的厅、家族团聚的居室以及卧室。这种房间的成立和分解，依据各自不同的文化，虽细节有所不同，房间基本上是与历史一起发展起来的。

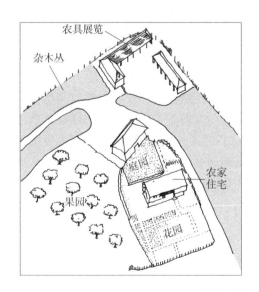

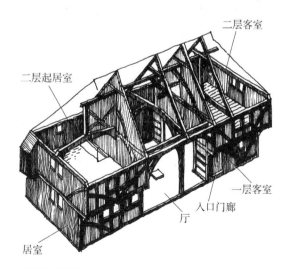

图4-10　农宅（英国民居园）

（来源：参考文献［6］，60页）

2. 居住形态

现代住居的室内设计，是从原始时代开始逐步发展而来的，始于一居室，然后开始出现房间，是对应每一个时代的生活方式而进化的。以英国为例，室的发生首先是作为家族这一居住单位一起使用、共同生活的领域——厅和居室与家族各自使用的卧室那样的领域分开，这就是所谓的"公私分离"，即将居室那样的家族成员共用的公共领域与家族各自私用的领域分离。

另外，住宅一开始就与各家的生业，例如农家的农业，商家的商业等生产作坊、工作场所是一体的。以英国某户为例，厅也是做蜡烛、加工谷物的场所。但是，随着时代的进步，生产劳动的场所被分离出来，成为独立的场所，有的远离宅地。于是住宅纯粹用于居住，成为家族的空间。

总之，住宅是适应每个阶段生活方式的变化而发展过来的。特别是家族的生活方式，它是决定居住空间构成的最重要的因素。在中世纪的英国，父母与孩子分室就寝的情况并不多，一般全家都睡在一起，因此房间面积很大，到处都是床。儿童房的出现是很久以后的事了，儿童当时也和大人同样地从事一些劳动，像现在这样重视儿童的抚养，不积极主张让儿童做家务的家庭观也是近代以后的现象。

3. 维特鲁维的居住观与居住性理论

早在公元前27年的罗马时代，维特鲁维（Marcus Vituvis Pollio）就著就了《建筑十书》，这是欧洲中世纪以前惟一的建筑学专著，同时也是全世界遗留至今的第一部最完备的建筑著作。书中十分详细地论述了住居的建造方法，被奉为欧洲的建筑古典理论。维特鲁维认为一个好的建筑最重要的是适用、坚固、美观。首先是适用，要方便使用，其次是结构坚固，最后是美观，主要是强调对称、比例协调。当时的建筑师是以建筑尺度的变化来表现美的，虽然这种价值美学观随着时代变化而变化，但是其功能性、结实、耐用无论在哪个时代都是重要的条件。其中在功能上，他重视住宅的朝向、房间的朝向与太阳的关系，他说："冬天的餐厅和浴室要朝向冬季日照的方向，这是因为在日暮时需要光线，加以落日面对着它们闪闪发光，发生热量会使这一方向温暖，春秋夏季的餐厅应当朝向东方。因为在这一方向开窗，对面的太阳的力量逐渐向西方推进，常在使用它的时间里使这些房间温暖，夏季的餐厅应当朝向北方，其原因是在这一方向不像其他方向那样在夏季感到闷热，因为它与太阳轨道相背，常常受冷，所以对于健康相宜而舒适。"他主张夏天和冬天使用的房间应有不同，夏天避暑、冬天采暖的措施是必要的。另外，主人使用的主要房间应与太阳的方向有密切的关系，这个主张与现代重视南向采光，享受太阳的恩惠来考虑住宅布置的观念是相同的。

但是奥斯蒂亚的街区并没有按照维特鲁维的主张去设计，包括住居在内的街道建筑都是沿着道路布置的，不一定都与太阳的方向有关系。在某种意义上，可以说是先于理论，是从道路的出入方便的实际出发，采取了可以说是欧洲型空间形象的沿道路布置。19世纪以后，为了形成城市卫生的居住环境，平等地攫取太阳光线，均等地布置住宅，该理论才开始受到青睐。那以后欧洲各地的住宅，特别是1945年建造的住宅小区具有了开放的空间形象。在重新评价从罗马时代到近代欧洲传统的空间形态的今天，历史的回顾对于我们今后的选择是非常重要的。

三、理想的生活方式——乡村居住

在意大利居住在古老的城镇被视为一种理想的生活方式，称为 Villegyaturra（乡村居住），他们向往在历史的建筑中享受现代的生活。与亚得里亚海相邻的意大利半岛东部有称为诺威拉拉（Novirara）的古镇，位于山坡上，从中世纪开始一直由城墙包围，有数十户人家，其周围是广阔的田园地带，从遥远的亚得利亚海望去十分美丽。诺威拉拉是比罗马更古老的埃特利亚①文明繁荣的地方，有些住宅被记录在中世纪的绘画中，诺威拉拉作为历史的古村落如何保护和再生成为重要的课题。特别是再生，如罗马遗迹的地下有隧道，在建筑和景观的保护上，地方行政部门以不破坏它为前提，规定要义务地保护传统的外形和材料。再建时，必须经过行政部门的许可，住宅的形状、窗户的位置都按照原状修建，将拆下来的旧砖瓦等建筑材料保管起来。有的地方巧妙地利用坡地和亚得里亚海与田园地带之间的坡度建造了错层的住宅，外观与原先完全一样，窗户开在原来的位置，内部非常美观。连续的房间是贯通的模式，家庭成员有各自的房间，此外有工作室、家族的居室、餐厅等。居室和餐厅的前面是下沉式中庭，从窗户可以看到古老的教堂和钟楼。

意大利对历史建筑的保护十分慎重，从内到外都严格保护，不只是保护外观，或者内外都重新修建，分几个层次，并且得到居民的共识。意大利是有着优秀世界遗产的国家，意大利人虽然在现代生活与历史遗产之间有困惑的一面，但是意大利人热爱历史，不仅把居住在乡村有历史的住居中作为理想的居住方式，城市中的历史住居对他们也同样有着极大的诱惑。无论在哪里，以现代居住生活为前提条件，如何进行活的保存是重要课题。

奥斯蒂亚遗迹告诉我们，有着悠久的城市住宅和居住历史的意大利，早在公元前就开始有了高层住宅，而且在中世纪欧洲就产生的居住单间的功能分区是形成现代居住的原形。城市居住和居住区的环境包括对传统的居住空间构成的继承，虽然因文化和传统不同而不同，但是城市住宅所具有的基本原理是相同的。欧洲的中庭型住宅以及由此而产生的空间形象的继承有着重大的意义，其空间形象源于保卫城市居民生活的防御功能的空间构成原理。

思考题：

1. 通过世界历史中最古老的城市——罗马住宅遗迹思考城市住宅的意义和特征。
2. 对照实地考察的住居和居住区，思考集合住宅的起源、公与私的空间划分。
3. 概观住宅的历史，思考住居和环境问题。

第四节　欧洲的集合住宅的展开

据考证，现代住居最普遍的类型——集合住宅早在罗马时代就有了。那么初期的住居形态是什么样的？现代的集合住宅是如何演变来的？今后集合住宅的走向是什么？本章通

---

① 古代意大利以北的名城，公元前 12 世纪~2 世纪意大利的伊特拉斯坎建筑。

过实例，考察现代集合住宅的历史变迁以及内部的生活。

一、形的历史

1. 罗马的古迹

始建于公元前的奥斯蒂亚（Ostia）在罗马城邦时代没有集合住宅，后来奥斯蒂亚成为罗马的主要贸易港口后，由于人口大量流入城市，因此出现了高密度的住宅。在发掘的奥斯蒂亚的遗迹中，不仅有两层以上的公寓，也有行列式布置的长屋式集合住宅，可以推定集合住宅的最初阶段是长屋形态（左右拼联）和积层形态（上下拼联）并存的。

长屋式住宅是可以从街道直接进入住户的形式，而积层式集合住宅有着统一的入口，通过与两层以上的住户玄关相连的楼梯上下移动。上了楼梯，通过各层环绕小光庭的回廊式走廊进入各户。住户的规模并不大，一间只有3m×3m，人们在这样的住宅里进行生活。由于室内没有发现炊事和排泄设备，可以推断他们有共用的厨房、食堂和厕所。因此，当时的住居只能称为"睡巢"①。

2. 联排住宅的生活

随后在城市建造了各种各样的住居，其中遍布在英国街区的中世纪的三层联排住宅，应是集合住宅的早期形式。联排住宅与罗马的集合住宅相比，虽然居住者为上流阶层，但是生活是立体垂直地构成，这是城市内高密度居住的结果，这种住宅在面积上并不是很奢侈，是一般的传统住居。

人们把生活社交部分和个人休息部分分开来考虑时，将社交部分放在一层，私密部分放在二层以上，在垂直方向的楼层上加以区分。从中世纪到近代的家族生活，不是以家族团聚的居室为中心，而是以大人们的社交为中心构成的，所以一层为客厅和餐厅。这种层的构成，以及一层的客厅②的表达③给街景以生动的外观。

此外联排住宅与后院的接地部分，体现了人们对土地的依恋，并不大的后院与邻居的庭院相连，由此邻里的关系自然生成。

二、现代的形

近代之前的集合住宅的变化并不十分清晰，但是从近代到现代特别是在城市人口急剧增长的19~20世纪，城市环境恶化，传染病蔓延，这些都作为世界史、社会史的重大事件写入史书，其中也记录了集合住宅带来的贫民窟化的城市环境问题。为了改善这一状态，许多城市进行了一系列集合住宅的尝试。

后来把城市设计作为重点的伯尔拉赫的封闭型方案问世，再后来柯布西耶的开放性住宅区成为主流。20世纪下半叶是开放型住宅区规划在世界范围普及的时代，就连在20世纪初提出田园城市的构思并建设了若干个的田园城市的英国也规划了高密度的住宅区，这是柯布西耶的所谓中层高密度构思的现实版，其中罗汉普顿小区不仅在英国，在国际上都

---

① 没有炊事功能的住房不能称为住居。
② 用于接待客人的设施。
③ 从家族的生活中表露出来的装饰。

有着划时代的意义。

1. 罗汉普顿的高层住宅

伦敦郊外距市中心 30 分钟车程的罗汉普顿是起伏较大的丘陵地带，这里是以商业街为中心规划了包括公共设施的学校、高龄者住宅在内的中、高层住宅混合的小区。

最初建在罗汉普顿的集合住宅，对处于战后房荒时代的人们来说是如沐甘霖，住居内有着当时最新的设备，全新模式的厨房、冲水马桶、开敞的居室和就餐空间等，这种住居是当时人们求之不得的。

建筑设计顺应曲线形地块自由地沿道路布置，并在考虑所谓眺望的前提下进行排列。英国草坪连续的开放空间、多种建筑混合布置等，在构成和规划设计方面非常完美。小区现仍保持着丰富的景观。

2. 拉霍·弗兰肯现代住宅区

第二次世界大战后经过数十年的现代化，世界各地人们的生活几乎都经历了从战后的混乱期、艰难期到生活用品充足、生活设备达到高水平的过程，人们生活质量不断提高。但是随着住宅的现代化，城市住居出现了许多问题。比如，只考虑合理性推进的住宅外观单调、煞风景、缺乏人性。此外，追求合理性而造成的自然资源的浪费，牺牲了美丽的自然，以及由于现代化丧失了过去曾有的温暖、宝贵的邻里之间的亲密关系等。

其中标准化设计的住宅带来的问题引起了诸多建筑师的关注。如何让每个家庭拥有个性的住宅，有的学者认为以居住者为中心进行规划是必要的，于是展开了"协议共建"①（Cooperative housing）的运动。有的学者认为过去"少品种，批量生产"方式有问题，应积极研究尝试多品种的生产方式，可考虑在住宅区构成上更多插入独立住宅的形式。在这些探索中有采用"城市别墅型"②（City-villa）的在总体规划的前提下让多数建筑师参加规划的拉霍住宅区。

拉霍住宅区（图 4 - 11）是城市别墅型住宅区。基地位于柏林的中心部，那里绿树环抱公共建筑较多，规划是想复苏过去原有的城市别墅型住宅。具体方案是七栋中层箱形住宅楼呈行列式布置，各栋拥有独立住宅，具有高度的独立性。

亲自然、省能源的住宅区，作为大的社会课题，在世界各地都有很多尝试。有效地利用太阳的能源，减少废弃物，回归自然的方法成为一般做法。这种住宅与绿色植物共生，从植物中获得能量，是有氧、健康的住宅。建筑师的理念是在苍郁的森林中营造城市中心，居住在中心。这些住宅带有装饰性特征，建筑师试图将现代住宅缺失的装饰性找回来。

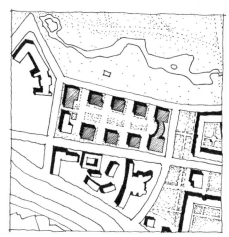

图 4 - 11　拉霍住宅区（城市别墅，柏林）

（来源：参考文献［6］，100 页）

---

① 需要建房的居住者组织在一起提出自己的想法，让建筑师设计的集合住宅。

② 德国城市住宅形式。

排除装饰性等住宅问题也唤起建筑师的关心，建筑师在装饰、设计上经常要追求新的东西，解决这个问题的有许多住宅设计实例，例如上述的拉霍集合住宅，是要回归有机的形态，而阿姆斯特丹新建的奥库美雅贝库集合住宅，是使用几何美学和新材料来表现时代的个性。

三、集合住宅的原理

集合住宅是在一个基地上集中建造多个住户单元。依据集合的方式分类有高层集合住宅，也有低层集合住宅，这种集合型都称作住宅楼。从罗马的奥斯蒂亚可以看到多层住宅的端倪，后来的联排住宅建到 3 层高，罗汉普顿建到 15 层，逐渐高层化。下面介绍集合住宅的住户、住宅楼等建筑规划原理以及一些罕见的户型。

集合住宅的户型和住宅楼的类型不同，特征也不一样。住宅楼中的通路（动线）立体地贯通，从住宅楼的出入口通向各住户，住户、住宅楼和动线对居住者来说是最重要的三要素。

1. 住户

在英国把公寓称作 Flat，在英语中把平的形容词作为名词来使用，即公寓是指地面是平的没有高差的房子。罗马的奥斯蒂亚的一居室公寓，自然地面是平的。尽管欧洲集合住宅的住户有房间多少之差，但基本上都是平层的。到了现代，住户的设计多样化了，同一个住户内地面的高度出现了差别，像剖面图显示的那样，在同一楼层左右出现半层高差的复式（Skip）以及一层高差的跃层（Maissonette），跃层是套内为两个层高的户型，这种户型在美国称 Duplex，后来出现了三个层高的称 Triplex。

换一个角度，集合住宅基本上将住户在水平方向连接，使得住户的山墙一侧不可能开窗或开门作为通风、采光口或出入口，因此也有按照开口侧墙面的数量来分类的。英国的一半平房是东西或南北两面开口，荷兰等中欧国家也有只有一面开口的平房。如果按开口部墙面的数量来表示住户的特征，一般认为开口墙面少，必然通风条件差，但是不应忽视气候这个因素。正因为欧洲没有闷热的天气，所以产生了一个墙面开口的公寓，比如马路库斯霍夫的住宅大部分是一面开口。

跃层式是柯布西耶在推出开放型街区方案的同时提出的现代集合住宅形式。事实上柯布西耶的马赛公寓的住宅单元（图 4-12），以及柏林同名的住宅，在提出布置和住宅楼的原形的同时设计了跃层住宅（图 4-13）。跃层住户是由两层的空间构成，一般有玄关的一层作为公共领域安排居室、餐厅、浴室等，上层为私密领域，设卧室和卫生间。这种公与私的领域划分适合近代以后的家族生活方式，其意义是在有限的住户空间内可以让人们自由地使用平面。

图 4-12　马赛公寓外观

（来源：参考文献［13］，245 页）

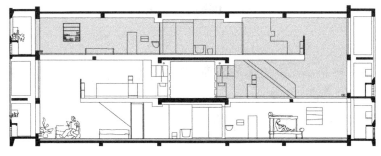

图 4 - 13　马赛公寓跃层式住宅平面

（来源：参考文献 [27]，99 页）

2. 住户与动线

现代一般集合住宅多采用梯间型和通廊型，梯间型各层 2 ~ 3 户可以往来，或者通过楼梯、电梯到达最近层，再利用单户楼梯进入自己的住户，这是人们熟知的住宅楼和动线形式。这种典型的形式对应平层的住户，即楼梯和走廊适合于以平层为单元的住户，然而两层、三层的复式住宅需要各层都有楼梯厅和走廊。两层的跃层每隔两层，三层跃层每隔三层有一个楼梯厅或走廊的形式。柯布西耶的住宅单元就是每隔两层附带一个走廊的。

在动线上，英国、法国、德国倾向通过梯间型、电梯厅的占多数，通廊型很少，外廊型较多的是荷兰，中廊型较多的是美国，总之，因地域不同而有别。

住户通过动线出入，接地的一层住户可以直接从外部通路出入。为使住宅区的街景丰富，可以针对居住者的需求设计有独立住宅感觉的住户，称作街屋（Street-house），欧美的小区可以看到许多这样的街屋，成功地展现了居住者生动的生活场面。街屋居住者在住户的入口、周围户外空间分别进行个性化设计，玄关周围的房屋也装扮得十分雅致，赋予街景以风采。

集合住宅多样的住户、住宅楼和动线不言而喻，同时，集合住宅内部的共同、共用设施的内容丰富也是很重要的，集合住宅必须要有为居民服务的设施。

四、集合住宅的课题

巴黎大学的欧洲城市生活专家 M. 耶鲁普教授，对集合住宅中人们的生活和住居的变迁有长年的研究。他的研究成果表明：现代的家族生活和居住方式的历史是很短的，也就是从 19 ~ 20 世纪初开始的。在此之前住户没有单间，人们的私密的概念尚未成熟，直到人们有了私密的意识，才有了单间出现的必要，特别是女性的单间要求是伴随着女性独立意识的萌芽，在 19 世纪后半叶初见端倪。

过去幼童是在大人们的庇护下成长，并没有给予特殊的场所。随着城市核心家庭的工薪阶层增加了，子女的教育逐渐受到了关注，人们认识到重视家庭交流、团圆的同时还要重视儿童的独立意识培养，由此诞生了居室和儿童房。对此，从事欧美范围内的住居文化比较的文化人类学专家 W. 里普钦斯基阐述了同样的观点，特别是现代家族生活以团聚和儿童抚养为中心的生活和住居，可以在核心家庭模式发育较早的荷兰看到。

总之，生活的变化，特别是生活意识的变化会改变住居的形态，也是今后住宅变化的真实原因。今后的集合住宅的住居与生活会应对现代反思中的课题，另外伴随着女性走向社会、个人意识发展，家庭形态将会发生很大的变化。

思考题：

    1. 集合住宅的基本原理中，"个"与"共"的空间怎样设计？

    2. 什么是集合住宅的三要素？

    3. 立体地划分空间与生活方式存在怎样的对应关系？

第五节　欧洲的乡村别墅——独立住宅

    独立住宅是古今中外人们理想的住居形态。在过去的年代，富裕阶层的贵族们建造理想的大宅邸，与佣人们生活在一起。意大利中世纪以来传统的城市别墅和城市住宅，成为欧洲诸国富豪权贵们效仿的模式。

一、豪宅的梦

    1. 乡村别墅和城市住宅

    在意大利以罗马、梵蒂冈为中心的基督教盛行时期，法王和皇家贵族在经济上具有相当的实力，另外，在文艺复兴时期佛罗伦萨等城市里拉动商业繁荣的市民阶层也有着巨大的经济潜力。在这一背景下，富裕阶层在市区和郊外建造了意大利人的理想之乡——府邸（Palazzo）和城市别墅（City-villa）。

    从罗马帝国时代开始，皇帝就以规模宏大的奢华的别墅为骄傲，其中海德阿内斯别墅是拥有花园和希腊风格的建筑，其风华流传至今。

    基于这个传统，意大利出现了许多优秀的建筑大师，值得一提的是中世纪的帕拉蒂奥（A. Palladio），后来成为英国圆形别墅设计的建筑大师。帕拉蒂奥是磨坊主的儿子，当时他的才华受到近郊富人和权贵们的赏识，在他们的资助下建造了许多造型独特的别墅，主要集中在威尼斯和维琴察这两座城市，其中最有代表的是维琴察的圆厅别墅（图4-14），获得很高的评价，他作为才华横溢的建筑师享誉全球。

图4-14　维琴察别墅（帕拉蒂奥）

（来源：参考文献［13］，58页）

意大利历史上的别墅建筑，从生活的观点来看，由于是别墅，因此与普通日常生活的关系并不密切。中心的府邸（Palazzo）是贵族的公馆，其规模之大、依靠仆役的日常生活、以社交为中心的生活方式等都与一般百姓生活格格不入。但是这两种住宅类型对现代意大利人居住观有很大的影响，法国人以居住在城市中心为理想的生活方式，英国人以田园生活为理想的生活方式，而意大利人是两者兼有，以城市居住和田园居住并存为理想的生活方式。

2. 田园住宅的浪漫

英国的贵族们认为在伦敦从事政治、社交活动等是出于无奈，其家族应生活在乡间，为便于在伦敦和乡间两处营生，而拥有城市街屋（联排住宅）和乡间别墅，两处都很豪华，但第一居所是乡间别墅。英国的贵族与意大利贵族、富豪阶层一样，为显示权势而建造豪宅别墅，特别是从17世纪开始，别墅建造得十分优雅，与过去缺乏品位的城邦不同。再到了18世纪，建筑师仿照意大利的别墅，有了崭新的别墅设计创意，建造了大量魅力无穷的别墅。

威尔顿府邸（Wilton-house）是在中世纪修道院的遗迹上建造的别馆，是设计过优秀的意大利风格别墅的建筑师伊尼哥·琼斯（Inigo Jones）参加改建。豪宅的风景设计师在英国富于起伏的基地上引入了希腊的理想家园——"世外桃源"风景，在河流和山岳的后面隐约可见神庙和帐幕（馆），并配以牧童和羊群。豪宅是三层楼房，带有中庭，引入了希腊式的玄关入口厅、休息室，椭圆形叠涩天井是设计的特征。作为理想之乡，伊尼哥·琼斯设计了将风景尽收眼底的长廊，任何一个房间都可以作为现在贵族们社交的场所。别墅的室内，墙面上装饰着许多讲述家族历史故事的绘画。当时的家族生活并不注重私密，房间的功能也不固定。房间与意大利的府邸一样，表现出从房间到房间的连续性。作为卧室的房间也可以是贯通的，而且几乎没有可以关闭的门。阿达姆斯设计的沙伊亚府邸是珍贵的历史佐证，有女性们用于"谈天"的可以关闭的小房间，可以说这个小房间是现代单间的起源。当然那时还没有用于排泄和清洁的厕所和浴室。

二、红房子的意义

1. 布雷兹·哈姆雷特府邸的预示

布雷兹·哈姆雷特府邸位于英国的布里斯特鲁郊外，是由10栋住宅组成的建筑群，是19世纪初英国著名的建筑师设计的，布雷兹（Breeze）是微风的意思，哈姆雷特（Hamlet）是小村庄的意思，名副其实，10栋住宅小巧玲珑，幽静可爱。

与过去大规模建造在巨大基地上的别墅住宅不同，布雷兹·哈姆雷特的基地较小，将私密的庭院放在后面，10栋别墅围绕着中央的水景，上部布置以日暑为象征的中庭。外部的出入口和各户的玄关相连的小路曲线环绕着中庭绿地。

建造在田园地带的布雷兹·哈姆雷特的10栋房子都是小规模的住宅。在此意义上，20世纪田园郊外（Garden suburb）诞生了。之后在英国农村的风景上模仿乡土住居的小型住宅纷纷登场，布雷兹·哈姆雷特府邸可谓是先驱性住宅。

布雷兹·哈姆雷特是工厂主为退休的男女仆人建造的养老住宅，从设计过程来看，并没有探求未来郊外住宅模式的积极意图，却让人预感20世纪田园郊外时代的到来，并启示人们建造丰富的住宅环境，中庭和绿色是不可缺少的。

2. 城市近郊的小型住宅——红房子

从 19 ~ 20 世纪，经过产业革命后的英国在经济上开始腾飞。人口大量流入城市，城市住房短缺，贫民居住在环境恶劣的贫民窟，与此同时，经济的景气产生了富裕阶层，城市出现了新的生活方式。这些富裕起来的新阶层与过去贵族们以乡间别墅为理想居所的观念不同，更倾向于居住在城市。

红房子是改良主义者、著名的艺术家威廉姆·莫里斯（Villiam Morris，1834 ~ 1898年）委托朋友菲利浦·韦伯（Phillip Webb，1831 ~ 1915 年）建筑师设计的私人住宅。

红房子位于距离城市中心 17km 的果树林中，莫里斯准备在那里结婚、生活，到伦敦去上班。莫里斯不想像贵族那样住在伦敦或为了社交泡在贵族院，然后作为工作消遣回到乡下，而是选择了与现代城市居住者一样的通勤式生活方式。

红房子是因外墙的红砖而得名，中庭中央有水井，内部通过走廊合理地连接各个房间。虽然平面并不像后来的现代住宅那样简洁，但是摒弃了往返于城市与田园两处的生活方式，应对以通勤为前提的城市生活方式，可以说是先驱性的实例（图 4 – 15）。

图 4 – 15　红房子

（来源：参考文献［14］，21 页）

20 世纪初红房子时代，以城市型的生活为基调的家族开始出现。这主要是来自于工作方式的改变，他们与以往贵族们不同，由于家庭生活不再依赖大批仆人，趋向小规模化，有着向后来的核心家族生活转化的趋势。

被称为"市民时代"的 20 世纪，家族中的女性和孩子们的生活日益受到重视，在住宅小规模化的同时，女性和儿童的空间被充实了。

三、住宅个性化设计的历史

1. 大师的住宅作品

20 世纪的人们逐渐意识到私人住宅在许多方面有着重要的意义而对其倍加青睐。过去宫殿、府邸等贵族的住宅其价值在建筑史上得到肯定的很多，并被视为是建筑设计的成果之一。但是20世纪初，平民住宅受到重视预示了一个新的建筑设计高潮的到来，住宅设计成为建筑的一大特征，一般平民的住宅设计成为20世纪建筑设计领域的前沿。

产业革命以后，钢筋混凝土、铁、玻璃问世，建筑实现了开放的、柔性的高空间的建造。回顾20世纪前半叶的建筑师设计的代表作，其空间设计至今仍没有失去它的魅力。这些住宅对后来的现代建筑有很大的影响。

（1）萨伏伊别墅（1929年，柯布西耶设计）

萨伏伊别墅体现了柯布西耶所推崇的现代建筑五要素：自由平面、自由构成的立面、带状窗户、独立支撑、屋顶花园。柯布西耶对现代的大立方体进行了巧妙的分割，从而使这个方盒子容纳了大小不等错落有致的房间（图4－16）。

带状窗使各个房间明亮，底层架空将住宅二层的私密部分抬高，楼层之间采用了坡道，通过架空底层进入玄关，由非常自然的坡道引入二层，增加了上下层的连续性，这里展开的是与庭院连为一体的居室，庭院由于被外墙环绕，就像外部的房间一样。沿着坡道上到三层，又一个屋顶花园展现在面前，屋顶上有庭院和太阳能装置，可以享受绿色和日光浴，中庭与居室的一体感是绝妙之笔。这些要素是新住宅的先进成分。一层有司机和仆人的房间，有便于回车和靠近停车场的曲线形道路，没有拘泥于过去固有的住宅的建造方式，要素被合理地重新组合，各部位在功能上被限定了。

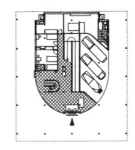

20世纪是以产业革命带动经济和技术发展为特征的时代，原来的统治阶层退出历史舞台，市民掌握实权，时代精神表明市民的人权和欲求，在建筑上要求有着机械那样的

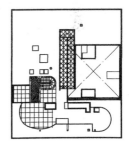

图4－16　萨伏伊别墅
（来源：参考文献［27］，81页）

能效和合理性，人们称之为"功能主义"、"合理性"。其中柯布西耶的作品成为时代精神的表现、建筑的旗手。萨伏伊别墅是合理主义的经典作品，柯布西耶以生活为前提，对住宅各细部进行了认真思考。

（2）范斯沃思住宅（1950年，密斯·凡·德·罗设计）

范斯沃思住宅架空的四边透明的玻璃盒子像水晶般纯净，被称为玻璃之家，把厨卫空间集中布置在中间，其周围由连续的空间构成。玻璃围合的单纯的形体，厨卫空间的绝妙布置，使空间柔性分割，这是由于建在不用特别顾及私密性的环境下才得以实现。范斯沃思住宅内部空间的处理、美丽的细部设计成为现代建筑的经典（图4－17）。

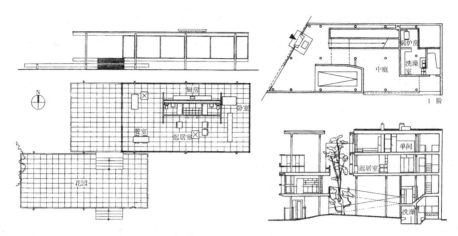

图 4 - 17　范斯沃思别墅平面

(来源：参考文献 [27]，87 页)

2. 家族与空间的价值观

萨伏伊别墅的居住对象是一个寡妇带着一个儿子以及几个仆人。家族的单间有个大窗户，与过去的房子相比，空间宽敞明亮，起居室尽可能通过带状窗得到充足的日照和采光，屋顶花园与厨房相连。

这种格局虽然与现代住宅是同样的思路，但是在当时来讲无疑是一个创新，即房间分别对应固有的用途（功能），固定家具和门窗在功能上被限定了。家庭生活的中心放在居室，围绕着居室布置其他房间，这样的住宅是以家庭团圆为中心集合居住的家庭观为前提的。萨伏伊别墅的形态特征几乎是正方形平面，外形轮廓简洁，如同内部细巧镂空的几何形体，又好像是一架复杂的机器，外观没有繁琐的装饰是其特色。但柯布西耶追求的并不是生活上的功能和效率，而是机器般的造型。

3. 新的空间意匠的展开

20 世纪初，为表现世纪精神，许多艺术家们提出了新的方法论，柯布西耶的设计是其中之一。其他还有把建筑分解成墙和柱子等要素，然后进行组装的方式。这些主张是针对当时的政治、社会状况。在这个意义上可以说是以建筑师为中心，而且是包括艺术家在内的社会运动。

20 世纪后半叶的住宅设计带动了多样化的社会运动，但是第二次世界大战后世界上明确分成资本主义和社会主义两大阵营，特别是资本主义国家由于战后复兴，社会的目标比较稳定，所以住宅设计的潮流也是稳定的。

首先有 M. 布罗阳为未来家族提出的"双核心住宅"方案，这个方案现在已经成为我们今天的基本构思，即在住宅中有家族团圆的空间以及父母和子女的单间，将住居领域区分为公的领域和私的领域，布罗阳把领域作为"核心"来考虑，把两个核心的家称为"双核心住宅"。这个方案极为明确地表现了所谓核心家庭的生活方式，并预言了今后世界住宅发展的趋势。

应对核心家族型生活方式的住宅潮流，将地域的特性与传统的特性相融合，向世界各地渗透和普及。随着时间的推移以及世界经济复苏，作为功能主义、合理主义成果而诞生的住宅，由于缺乏人性和邻里的亲密交往而受到质疑，使得重新审视住宅应有的模式成为新的研究课题。

四、现代住宅设计走向

问题的焦点之一是如何适应家庭生活方式。男女共同走向社会的时代已经来临，家庭并不是单纯以育儿为基本功能，夫妇除了重视育儿外，在经济上也要自我实现。19世纪以后，儿童的人权受到重视，现在社会不断强调和提高其独立性，家庭成员的责任分担发生了变化，因此家族图式是动态的，住居也随之不断发生变化。

如今欧洲住居的定位在郊外，与过去男人们的工作场所在城市，孩子们的活动场所在郊外的情形不同，依赖于城市媒体的生活方式成为普遍现象的现代，将住宅定位在郊外并不合适，虽然现在认为城市中心作为居住环境是不理想的，但是不久的将来会有回归到城市内居住的倾向。因为否定城市内部居住的理由主要是噪声、污染、危险和绿地不足等问题，一旦这些问题通过技术手段、社会制度的改善得到解决，城市作为居住环境就会得到肯定。

居住形态的特征，在20世纪初期，其内涵并不明确，柯布西耶的居住理念所示意的功能主义形态在20世纪后半叶致富热时代再次被认识，但是后来柯布西耶以机械般特征进行的设计与生活丰富性相悖的理由被否定，人们开始追求更人性化的东西，其中包括再度拾回装饰。同时，否定房间甚至建筑的封闭、坚固形态，追求开放、轻快的形态。在轻快方面，20世纪初流行的带状窗就是出于否定过去住宅的动机，而从安全的、坚固的掩体中摆脱出来。

设计这种典型的住宅的建筑师是理查德·迈耶（Richard Meier），他设计的空间在美国印第安纳州阿德纽姆新协和村纪念馆表现得淋漓尽致，连续的空间，像浮游在空中一样，执意不表现高强度的柱子和墙。现代住宅最前卫的是追求更大的开放感，在这里私密成为次要的话题。

现代住宅在家族生活方式及形态的意义上，作为人们共同居住的图式逐渐或正在被否定，因为生活方式、设计的宗旨都发生改变，现代住宅将从有着共同居住文化的时代走向标新立异、自我表现的时代。

思考题：

1. 红房子和萨伏伊别墅的意义和价值是什么？
2. 在理想家园的选择上居住观有何不同？
3. 动态的生活与新的空间设计意匠有何关联？

第六节 欧洲城市住宅区的形成谱系

城市住宅区是由以家庭为单位的住户的集合所构成。以居住者构成特征来分类，有核心家庭，也有单身家庭。如果最初的住居是独立住宅，其集合就构成邻里、居民点；如果是集合住宅，一栋栋公寓的集合就构成了住宅区。基本单位不同、集合方式不同就会形成各种各样的住宅区。本节通过对单位组合方式的剖析，考察城市住宅区的形成过程，进而理解欧洲由来已久的传统封闭型街区的空间性质。

一、街区构成

1. 街区构成的多样性

格拉纳达是西班牙边境的历史城市，在那里有很多传统的波斯、现代的埃及等阿拉伯传统的中庭型住宅毗连构成的街区，同时也有中央带有中庭的中欧传统的巴洛克式（封闭式）街区。在格拉纳达曾建有赤诚宫殿（西班牙莫尔民族的王宫），鼎盛期的萨拉逊帝国时代出现了很多阿拉伯、意大利传统的小规模的中庭型住宅。此后西班牙王国统治期间渗透了中欧住宅的特性，从而形成了萨拉逊和中欧混合的城市住宅区。

这种以单位连接的街区，大体可以分成三类：一种是由住宅或建筑间隔一定的距离排列形成的街区形式，在密度和高度上略有差别，是美国纽约、日本东京的传统形态。其他两种都是街区内部有中庭，几个阿拉伯、意大利传统的小规模的中庭住宅连接形成的街区形态，或封闭式地围绕一个大中庭，由集合住宅形成的街区（中庭街区）形态。

由中庭形成的封闭式典型街区有城市规划师舍尔达（I. Cerder）规划的巴塞罗那，在19世纪初城市人口急剧增长的背景下，舍尔达沿着巴塞罗那旧市区周围建设了当时欧洲最典型的封闭式街区，合理地控制人口流入，其棋盘式的连续的中庭街区规模约160m×160m见方，由六层的建筑环绕。中庭没有往来于街上的人车喧哗和危险，是居住者私密的生活场所。

此外，在建筑物鳞次栉比构成街区的纽约，道路与街坊也是棋盘式的格局，宅基地内为30m×60m的长方形模块，没有规划成中庭形式，而是采用了当时欧洲传统的Townhouse联排形式。这种Townhouse现在还有保留，后来高密度土地利用政策导致基地不得不填满留有狭窄采光井的建筑，从而发展成现在的纽约，存在着诸多居住环境问题。

2. 城市单元——商住复合建筑

城市的建筑有住宅又有其他用途的建筑，从而能连续、高效地利用土地。这种机制的建筑，在欧洲有英国传统的Townhouse，巴黎传统的居住与商店复合的积层式集合住宅单元等。

Townhouse至今仍是伦敦典型的街景，直至20世纪初都是住宅建设的主流形式，现在仍是最受欢迎的住宅形式，古老的房屋经过改造继续居住。空间构成基本上是地上三层，地下一层的联排住居。19世纪以前Townhouse基本样式已经定型，地下空间现在用作贮藏等多种用途，而当时是作为燃料库和厨房的，将煤炭放入地下燃料库。一层是玄关和接待客人的用房以及餐室，二层是大人们的居室，三层是孩子们的卧室。这种竖向按楼层进行功能性划分是英国固有模式，延续至今。住户有户外服务区域（阳台），用于晾晒衣物，或作干燥场、菜园等，与相邻的住户连接的同时与街道对面的Townhouse的庭院相对，通过这种连续布置构成街区（图4-18）。

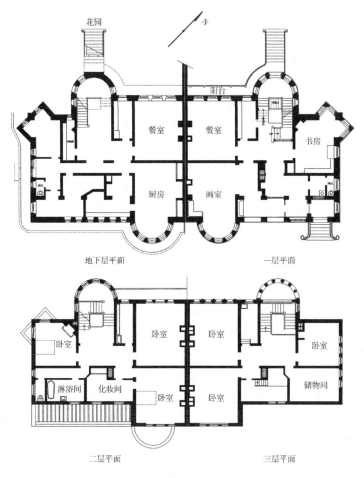

图 4-18　联排住宅平面图
（来源：参考文献［6］，181 页）

在巴黎，传统的中层集合住宅比伦敦的 Townhouse 密度更高，其城市中心现在还在延续积层式复合的建筑构成街区的风格：一、二层为商店、办公室，二层以上是住宅。五、六层高的巴黎建筑作为城市住宅，楼下为城市活动所需要的商店、办公室，居住离开这些公共的场所布置在上层。这种住宅从中世纪开始就是典型的巴黎风景，街区的内部高密度地集聚。住宅连续地建造，中间由作采光窗的竖缝分隔。这种连续的街区现在仍有很多，是 19 世纪前人口大量流入巴黎带来的后果，后来则走向贫民窟化。

伦敦与巴黎相比，城市的商业活动和居住关系有所不同。在伦敦，传统观点认为城市不适宜居住，乡下被视为理想的居住环境，而巴黎正相反，认为城市是适宜居住的地方。当然现在不能这样简单地划分了。

不管伦敦还是巴黎，自古以来穷人多生活在城市中心。如果现在人们都愿意居住在城市，那么城市居住区的形态——单元和集合——应该是一个什么样的模式将成为重要课题。

二、欧洲的城市住宅区

1. 中世纪住宅街区的确立

历史地、自然地形成的欧洲市区，有各种各样的街区形态，基本上都是沿着街区周围的道路将进行商业活动的店铺朝向大街建造。随着城市逐渐发达，原先留有间距的建筑渐渐毗连在一起，住宅原先建有后院的场地由于城市居住者迅速增多——有的是雇佣者，有的是店员，也被增建的住宅所填充，在这一过程中大城市中心部的街区就形成前面为商业店面，后面为环境恶劣的高密度住宅区的环境。

2. 20 世纪的街区改良

街区的中心部总是阴暗的，而且由于排污的城市设施简陋，卫生环境很差。19 世纪后半叶在巴黎、柏林，城市规划师、建筑师以及工会、慈善事业团体站在各自的立场呼吁改善街区环境，开展各种各样的运动。

在德国的柏林，人道主义者极力主张街区的改良应以贫富居住者的混居为条件，其中建筑师梅贝斯（P. Mebes）提出撤除密集街区内部的贫民窟，建造一般人可以穿行的中庭式住宅，他设计的私人住宅对致力于纽约住宅改良者产生很大影响。

当时法国巴黎慈善团体的活动开展活跃，罗斯柴尔德财团（英国财阀，德籍犹太人家族）为改善街区面貌，发起方案竞赛征集活动。荣获一等奖的建筑师雷（A. Rey）尝试了中庭型街区的最初方案。此外建筑师拉比久斯（A. Labussieve）在理论上考察了中庭型街区的设计，提示了半开放街区建造的可能性，实地设计和建造了集合住宅——多米诺，对德、美等国造成很大的冲击。位于巴黎中心部的这个集合住宅，沿着道路布置住宅楼，穿过拱形的入口就是宽阔的中庭。当时在街区的内部如何规划中庭是一个重要课题，中庭虽然可以用于居民散步、聊天、休息、儿童游戏等户外活动，但是存在着与周围城市环境不连续、不能间接地向其他市民开放等问题，不过从单身的小住宅到一般普通住宅，都充分考虑了卫生条件，因而还是领导了当时最新住宅的潮流。

20 世纪初到中叶，勒·柯布西耶的城市型集合住宅的理念得到传播，使得卫生的、各住户可以平均得到阳光的行列布置的板式住宅和塔式住宅开始迅速被采用。当时在柏林建造的企业职工住宅区——基德隆库（1925～1931 年 Grob Siedlung Britz）相继采用了南北轴平行的布置手法（图 4－19）。第二次世界大战后的住宅复兴，几乎都是在住宅规划设计上采用了开放式的板式住宅楼的平行布置。而拉比久斯等建筑师提出的复苏 20 世纪初城市内部住宅区的创意被搁置了，未能实现。

图 4－19　基德隆库集合住宅

（来源：参考文献［27］，97 页）

3. 在现代复苏的圣保罗住宅区

到了 20 世纪后半叶，虽然开放性住宅的各住户平等地获得了均质的日照，但作为住户的集合，由于没有构成一个生活领域开始出现问题。来自美国的报告显示，最典型的问题是居住者的归属感淡漠，即现代的开放型住宅没有心理的安全感，单调乏味，甚至出现居住者破坏公物的现象，更严重的问题是住宅区的死角成为犯罪的温床，这种现象已不单纯是住宅区构成的问题。居住者相互之间应有的共同意识丧失了，这是现代社会问题。居住在城市中心边缘的闹区，外围带有小广场、小胡同住宅区的居民邻里关系融洽，人们热爱自己的街区，而新规划的住宅区为什么没有这样的氛围值得深思。

基于这些问题，1970 年之后，人们又开始重新认识中世纪以来的传统封闭式街区的空间形象。20 世纪 60 年代巴黎提出重新开发圣保罗寺院附近的一个街区，以改善贫民窟的恶劣条件。最初的规划是想全部拆除后按照柯布西耶理念平行布置街区，但在实施规划的1970 年初，由于理想的城市住宅的空间图景发生了变化，决定让小广场形成连接各户的里弄式网络，只将现状密集的街区部分拆除，底层布置当地传统的古董店和画廊，上部是巴黎市的公营租赁住宅。这样，圣保罗住宅区激活了过去街道的文脉资源，继承了传统街道的记忆，成为城市住宅区的先驱性范例。

三、传统的保护与继承

从 19 ~ 20 世纪，世界大城市苦于产业化导致城市人口集中，由于医疗技术水平低，传染病在城市蔓延，死亡人口很多。欧洲大城市中许多市区住宅从巴洛克时代开始就沿着街区周围的道路布置，后来由于流入人口的增加，土地的所有者为满足城市住宅需求，突击性地利用街区内部的空地，超高密度地建造住宅，致使市区环境十分恶劣。19 世纪城市人口激增的巴塞罗那由舍尔达进行重新规划，他对柯布西耶的开放型住宅区反思的结果使得以巴黎为首现代欧洲各地到处都规划了城市内的封闭性街区，这种封闭性街区利用原有的街区的骨架进行复苏。对柯布西耶开放型街区单调性反思促使舍尔达对街巷、里弄和住宅优势进行重新认识，从而形成新的街区规划模式。

在这样一个历史过程中，一度被抛弃的空间图像又重见天日，街区内部又恢复了专为居民使用的中庭，周围布置住宅楼，即所谓的周边式布置，这作为城市住宅的单位和集合形态应是合适的，虽然也可能存在着高密度连续的机制问题，但对居住者来说，这种布置使他们远离喧闹的城市环境，为他们提供了更舒适的生活领域。许多 5 ~ 6 层建筑的底层为非居住用途的商店，这是构成其城市特点的重要因素。

阿姆斯特丹在市中心不留缝隙地建造建筑，只用于观光等商业活动，带有中庭的住宅区越往郊外越多，形成有特色的市区景象。城市中心几乎没有住宅，郊外多为封闭式或围合式的住宅区，以此调节着内部开放空间的"度"，以适应城市选址条件，这一特征也许就是欧洲围合式住宅区作为主流的城市住宅单元被继承下来的缘由吧。

思考题：

1. 欧洲传统的街区空间的性质是什么？

2. 中庭式封闭街区的优势是什么？

3. 分析柯布西耶的平行布置的利与弊？

第七节　欧洲城市住宅区的围合布置

一、开放性街区和封闭性街区

19～20世纪的欧洲大城市，农民们大量涌入，由于人口激增引发了大量的社会问题。老城区的居民大多数为贫困的工人阶层，有的居住在投机商们建造的集合住宅中，有的居住在街区内部见缝插针般增建的环境恶劣的集合住宅中，住宅面积狭小，采光不充足，没有完备的上、下水道设备，没有排污系统，因此传染病流行，死亡无数。

为了改善恶劣条件，建筑师、城市规划师献计献策，其中阿姆斯特丹南部地区规划的伯尔拉赫式封闭性街区给后人以很大启发。荷兰建筑师 P. 伯尔拉赫（P. berlage，1856～1934年）提出把传统的欧洲街区的形状作为新的城市设计模式，即沿街道连续布置建筑，内部围出一个中庭那样的开放空间。伯尔拉赫将称为巴洛克街区的封闭性空间图像加以洗练，提炼出优美的、左右对称的街景。他的这个创意在现今看来不仅仅是保留了古老街区的形象，还为街区居民提供了专用的外部空间，有着具有培育居住者交流意识的效果。伯尔拉赫认为街道是"户外的室内空间"，是建筑物成行排列所呈现的必然结果，街道的宽度和设施决定了阿姆斯特丹南部这座新城街道的根本特性。在较宽的街道上布置花坛，并沿街道种植行道树。而在较窄的街道取消花坛，只保留行道树，在主要街道的节点上设广场。清晰的集体居住观念使各单元的住宅同其他公共的设施合为一个居住整体，体现了城市作为人们共同生活空间的美好价值（图4-20）。

图4-20　阿姆斯特丹的城市街区

（来源：参考文献 [13]，178页）

但是在历史的潮流中，封闭型街区曾遭受了被遗弃的命运，20世纪初柯布西耶提出全新的城市形象，城市迅速被板式、塔式的高层住宅所覆盖，开放型街区替代了封闭性街区，不过那时建筑师的意识始终在封闭型和开放型中摇摆不定，直到1945年第二次世界大战结束后，开放型街区才明显地成为住宅区的主流（图4-21、图4-22）。但是人们不久后又意识到开放型街区虽然有宽阔的开放空间、丰富的绿地，可以大面积地享受太阳的恩惠，但缺乏形成交流的契机，给人一种荒芜的感觉。

人们开始怀恋小尺度的、亲密度高的空间，并重新认识巴洛克街区的好的一面。上节介绍的圣保罗寺院的住宅街区就是在这种反思中采取中庭优势的规划，此外还有柏林住宅区复苏的规划——柏林建筑博览会（IBA）建立了许多有围合的封闭型住宅区，另外，日本多摩小区、幕张小区同样是基于这种认识建造的住宅区。

高层集合住宅

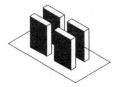

板状集合住宅

图 4-21　柯布西耶对城市住宅区的构思
（来源：参考文献［6］，83 页）

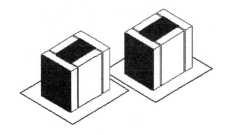

图 4-22　中层围合型
（来源：参考文献［6］，83 页）

1. 围合的空间效果——伦敦郊外的住宅

欧洲从中世纪开始自然产生的围合式街区带有外部看不见的封闭式中庭。以位于伦敦郊区的住宅为例，街区的内部是一个大的公共开放空间，传统的三层 Townhouse 沿着道路兼街区的四周围合形布置。从外部道路透过间隔的缝隙可以看到 Townhouse 附带的居民专用庭院。穿过每个 Townhouse 专用庭院的木门就是绿树成荫的共用空间，只有居住者才可以进入中庭，在那里可以散步，采摘野生草莓，也可以拾柴。这里不用担心车辆的危险，没有外人的干扰，是无所顾忌的居住者共用的开放空间，为与自然接触、邻里间对话提供了丰富的场所。

住宅的后院用于散步和孩子们游戏，还可以种些蔬菜，堆放柴禾等。邻居们集中在可以远眺伦敦市区的庭院中心，进行以孩子们为中心的各种活动——举办包括各阶层人们参与的节日庆典、运动会等。这种封闭式中庭不仅提供了活动场所，活跃了社区的气氛，还有效地促进了社会的融合。

从家里出来，要经过集合住区的共用空间，所谓的共用空间，小的是指集合住宅的出入口大厅，大的是指中庭。共用空间是儿童游戏的场所，又是朋友约会的场所，总会唤起居住者的邻里感觉。共用空间的使用者都是小区居民，营造出集体的归属感。住户有了归属感，就会表现出对共有空间的热爱，由此培育了爱心，自然萌生维护这个环境的责任感，并发生交流行为。因此像中庭这样的共用空间，不仅在功能上是有用的，同时还会促进居住者之间的社会关系形成。

2. 围合的生活——马洛库斯霍夫

形成欧洲街景的带有中庭的街区，曾在若干电影中被用作场景。中庭内有花坛或私家菜园，周围是居民的房间。维也纳的马洛库斯霍夫街区从规模上、美观上是最典型的范例。

马洛库斯霍夫街区是 1926 年建造的住宅区，位于维也纳旧城郊外东南部。20 世纪初俄国共产主义革命兴起，世界各地社会主义国家纷纷诞生。奥地利成为倡导以工人阶级为主导的社会主义民主国家。国家领导决定为维也纳工人规划理想的住宅区。当时世界上住宅规划理念处于柯布西耶开放型与贝尔拉赫封闭型的对立关系中，在这里出于政治的意图选择了封闭型。

马洛库斯霍夫的住宅区是一个长边约为 1300m，短边最大约为 250m，面积 16 万 m^2 的基地，规划成户数为 1400 户，人口为 5000 人的巨大周边式封闭型集合住居。住宅高度平均为4层，最高的为6层。住宅套型从一居室到三居室，多是小户型，不过这在当时来讲就算较大的户型了，还备有客用套房。目前几经翻修，将许多小户型进行拼接，变成三居室，但是由于受制于当时基本平面的制约，穿堂式户型很多。

住宅的布置是将长方形基地分成三块，基地两头分别布置一座口字形的住宅楼，各自带有中庭，中央是一个有1万m²的大中庭。这个大中庭对马洛库斯霍夫整体来说是存在的象征，那里耸立着雕刻家的雕塑作品，形成时代的气氛。其他两个中庭离道路较远的地方分别设有共用的淋浴室、洗衣房以及幼儿园和体育设施，靠道路一面是图书馆、诊疗室、口腔医院、商店等建筑，另外，还设有工人的设施——工会办公室等。这里多种共同使用的生活设施方便工人们的生活，并提高了自立性。可以想象与外部道路隔离，被住宅楼围成的中庭空间，从历史到现在有着各种不同的含义。

游戏的儿童、坐在长椅上的情侣、往来的学生、散步的夫妇等，这些是中庭自古以来沿袭下来的生活场面。中庭是人们基本的生活场所，洗衣房内人们的喧哗，内部幼儿园的孩子们健康的欢声笑语，都烘托了中庭这一共用空间的气氛，中庭的建筑师、规划师为居住者共同使用的空间注入活力，以唤醒居住者的归属意识。

二、围合布置的建筑规划原形

1. 围合布置的特征

从硕果仅存的20世纪初封闭型住宅区，以及近年来建设的诸多实例可以看出封闭型布置的特征。

第一个特征是中庭。中庭不仅决定了街路一侧的城市景观，同时形成了住宅区应有的安稳的、静谧的氛围。此外，它还为居住者提供了安全的、日照好的、绿色多的、健康的户外活动场所。由于中庭的存在，居住者可以享受富有魅力的集合居住的乐趣，萌生依恋之情，提高对住区的归属意识。

第二个特征是公共设施的存在。通过设施的使用，可以提高居住者的生活自立性，住宅区自成一体形成一个完整的生活领域，包括儿童游乐、日常的购物等，将生活领域内的内容方便地联系起来，提高了生活的安全性和方便性，从而促进居民的自治活动，便于住宅区运营管理。

第三个特征是作为城市型商住复合住宅。底层布置共用设施以及商业设施等非居住性设施，上层布置住宅的构成方式，将住宅部分与中庭设施分开，确保居住的私密性，同时也方便与住宅以外设施的联系，保持视觉的连续性。顶层的住宅有眺望好的优势，但有着与公共设施连接的不便，可以利用其独立性高的特点安排住户。相反，底层有商业设施，购物方便，且便于使用其住宅区周边设施，利用这一优势，可布置高龄者住宅或街屋。这种住宅的多样组合，方便设施规划，又平衡居住者的生活特点的差异，构成便捷的城市生活的场所。

进行多种住宅组合的积极意义在于，在围合布置中，朝向不好的位置可以布置附带工作室的住户，因此北向布置工作室的例子在巴黎是很普遍的。另外，通过土地的高度利用可以满足在有喧闹与车辆危险的城市中高密度的生活空间的"职住近邻"和舒适等需求。高密度住宅，在居住条件上有不理想的一面，如压迫感等，封闭性集合住宅可以解决这些问题，有充分的可能去规划、建设更舒适的居住城市。

2. 围合型布置的各种形式

集合住宅有各种围合形式，有在平整土地后建造的围合型，例如马洛库斯霍夫住宅区，还有利用原有的旧市区的地形和道路再生的围合型，或新建的围合型，例如巴黎的圣保罗住宅区、维也纳的拉本霍夫住宅区。这几种类型都是与周边连续的住宅区连成一体的，具有前述的封闭型住宅的特征。与马洛库斯霍夫几乎处于同一时期的维也纳，强调规划如风景画般美丽的富有特色的集合住宅，风景画的美不同于几何图形的美，是自然界与生俱来的，不一定是整合的，有令人惊奇的、动态的美。位于维也纳东部的拉本霍夫住宅区是风景画般的代表作，基地有高差，原有的曲线形道路横切基地，规划采用了赞美中世纪街景美的特征的卡米洛基德的构思，维持了原有地形、高差，赋予风景以变化。拉本霍夫住宅区虽然看不出规整的围合，但是沿着曲线道路建的两座塔状部分就像两座门，从而完成了绘画的基本构图。住宅区内部是连续不断的围合中庭，由围合和开放的空间交错咬合，基地为 5 万 m^2，建筑面积为 1.9 万 m^2，住宅区承担了当时工人文化设施的功能，现在仍有剧场，该住宅区在城市内形成了自立性高的领域。

总之，封闭型住宅区的规划无论是整合与否都无关紧要，如何形成城市内居住者的生活领域才是最重要的，在迄今的尝试中有马洛库斯霍夫那样的住宅区内部拥有多种设施的构想；也有拉本霍夫那样与连续的城市设施有关联的同时，住宅区内部又有独自的文化设施，确保独立性的构想，两者都有必要在规划阶段精心策划。

三、作为生活领域的围合

1. 生活领域

如前所述，在由城市一般道路围成的街区，用围合方式建造具有中庭的住宅区可以同时兼顾居民生活方便和安全。围合型或者封闭型街区都可以享受和利用城市内的方便和舒适条件，过着安全而且安静的生活。

封闭型街区是把住宅布置在中层或上层，底层为商店等与住宅有密切关系的设施。因此日常生活所必需的物品和服务就在附近，十分方便，对居住者来说，街区形成了生活的基本生活领域。

这些封闭型的住宅区，连续地构成城市住宅单元（Unban House Unit），居住者的生活领域成为住宅区的单元。

2. 生活领域的构成——斯卡尔普纳库

斯卡尔普纳库住宅区位于离斯德哥尔摩城市中心 20 分钟车程的地方，于 1982～1987 年建造，户数 2970 户，面积 36 万 m^2，人口约 8000 人。第二次世界大战后，为解决房荒，在郊外别墅地域——斯卡尔普纳库所有的基地上大规模地建造住宅区，还规划了就业场所，是所谓"职住近邻型"新城的构思，既是新城独立性又高。出于对当地住宅情况的考虑，斯卡尔普纳库住宅区虽处于郊区，但也采用了封闭型手法。

斯卡尔普纳库各街区没有采用城市中心设地下停车库的一般做法，而是设停车大楼，这个大楼与住宅楼连接，与围合的中庭发生联系。

单独的封闭式街区，作为生活领域其本身是自我完结的，几个街区合起来就设置一个类似小学那样的公共设施，中心设置商店、邮局、银行等更高级次的城市设施，另外还有 LM 学校①、文化中心（图书馆、剧场、咖啡座）、地区中心、日护理中心、三个大公园等公共设施，都沿着城市主要道路布置。

这个封闭型的街区，其自身独立地构成私密的生活领域，集合起来就构成了建筑群体，以应对多样化客户群，并设有相应的公共城市设施，即所谓分级构成。

斯卡尔普纳库住宅区是在较短的时间内建成的，住宅区的综合规划（总体规划）由一位建筑师来做，为避免住宅区的单调性，在总体规划下，同时由几个建筑师参与，实现多样化设计方案。这种规划方法，后来称作"总建筑师"方式，是让大规模住宅区做出多种设计的有效方法。

以上围绕着围合以及由它产生的中庭为焦点，考察了规划内容和意义。在中国也有院落式的传统住宅，在欧洲这个形态也是传统，温故知新，封闭型不仅给居住者的生活提供了城市内居住的方便、舒适，而且还提供了安全感，更重要的是它为居住者提供了保护城市生活的防御性场所，而且可以促进其归属感的形成。

思考题：

1. 封闭性街区的布置特点有哪些？这些特点以及对城市景观有着怎样的贡献？
2. 城市土地高度利用的手法是什么？
3. 从生活领域的形成思考中庭的作用。

第八节　欧洲郊外住宅区——田园城市和新城

有着田园住居传统的英国，19 世纪末，提出了城市与田园共存的田园城市理念，这是探索城市住居和住宅区理想模式的成果。如前所述，英国有着憧憬田园生活的传统，田园中不仅有大规模豪华别墅，也有美丽、恬静的历史文化村落，那里潜藏着田园生活的理想秘密。

20 世纪中叶，始于英国的农村与新田园城市理想结合的新城理念开始在世界各地普及，作为新的城市工人的住宅形态——新城一时成为世界共同的模式。本节就英国田园新城的建设过程及近年的课题进行考察。

一、田园城市的历史

英国的乡村早在罗马时代甚至以前的凯尔特（Gelt）时代，就散建于英国各地，有的至今还保留着过去原始乡村形态，没有现代化，如中心有水井那样的共同使用的设施，以及以其为中心展开的开放空间——公共场所，像教堂、墓地、小旅店和饭馆以及邮局等。村里道路尺度很小，蜿蜒曲折，机动车无法通行，各家各户以正面（长边）为入口，沿着

---

① 瑞典特有的小的学校，只有低年级和中年级。

狭长的道路排列，线状地形成街景。各住户的结构与装修源于传统形式，形态几乎一样，因此使人感到一种和谐的统一。沿道路种植花草树木造园的同时，窗前也装饰着盆景，邻里住户之间有通向后院的出入口，便于以农业为生业的居民进行农业劳动。

对于许多城市生活者来说，乡间的生活不仅是出于利用别墅的目的，也是退休后过隐居生活的理想选择，因此对乡村的认识，不仅是农村住宅，也是城市居住者怡养天年的选择之一。

在15世纪英国就有了托马斯·摩尔的乌托邦思想，有着多视角地提出理想城市学说的土壤，在这个背景下，大量建造住宅区的契机来自产业革命以后改良贫民窟的建筑师的建议和实践。其中首推罗伯特·欧文的新协和村的尝试。欧文作为工厂经营者以改善工作环境和居住环境，以及加强对工人的教育为目的，在自己工厂试验的基础上更广泛提出消除城市与田园的差别，建设与城市统一协调的协和村方案，但是最终未被采纳，后来在美国买下欧洲移民建造的新协和村，试图实现其理想。

此后各种各样的理想住宅区建造的尝试层出不穷，其中拉斯金和莫里斯主张以农业和手工业为生业的乡村与艺术运动结合。这样的结合带来了新鲜的历史意义，诸如工厂经营者欧文的博爱主义改革与莫里斯的依靠个人改革创新并行等乡村方案不一而足。

更重要的设想方案是19世纪后半叶的E.霍华德（E. Howard）在《明日的田园城市》一书中提出的城市与乡村结合的设想，这个设想成为大规模新城建设的契机。

E.霍华德对理想城市的设想是，购买田园地带未开发的土地，让城市人口移住，居住者平均租用土地。在此之前特别是欧文等参照的英国女王维多利亚城市，成为城市构成的参考。

田园城市可以分散集中在大城市的人口，是让各城市自立的概念。为此各城市必须同时拥有住宅和作坊，从城市建设到运营的过程中，依靠地方自治体建立法人抵押土地租赁费的方式进行债权偿还，以及进行基础设施建设等措施。

E.霍华德的提案得到了广泛的支持，1898年成立了田园城市协会，1909年又成立了田园城市规划协会，由此展开了轰轰烈烈的建设田园城市的运动，决定了莱奇华斯（Letchworth）花园城市的设计方案，那时莱奇华斯的最初设计竞赛主办者已经开始在为自己工厂的工人建造的集合住宅区中尝试改革，其设计委托了后来承担莱奇华斯方案的设计者B.帕卡和L.安文。

B.帕卡和L.安文对当时的工艺美术运动有着强烈的共鸣，欲将今后的住宅建成乡村式住宅。他们建造的住宅和住宅区是位于英国田园地带，依附于自然的住宅形式。基于卫生的原则，设计重视通风和日照，在住宅楼的布置上考虑通风和日照，采用四方形（Quadrangle）围合开放的空间，平面形成口字形或凹字形。

莱奇华斯花园城市依照B.帕卡和L.安文的经验建造了同样的住居，由住居组成的住宅区紧接着建成韦林花园城市，也是像莱奇华斯花园城市一样低密度且被绿地环抱的住宅区，各处布置了中世纪的住宅。

韦林花园城市与莱奇华斯一样是为解决城市住宅的短缺而建，其基地距伦敦市区只有20km，带有卫星城市的性质。新城市中心建造了工业基地，许多城市居住者在那里就业。

此外，从与伦敦城市中心的距离考虑，规划提高新城的自主性，由于这个原因，像安文设计的阿姆斯特丹花园郊外那样，后来称作田园郊外的小区，成为大城市郊外新住宅的构想图景。

英国的城市特别是伦敦等大城市采用了花园城市的建设方法，第二次世界大战后在郊外建了大量的新城，这个影响遍及世界，德国、法国、日本等纷纷效仿，成为战后解决住宅问题的主要对策。

二、田园城市的尝试

1. 英国的花园城市

英国规划了许多田园城市的新城，是公房建设的先进国家。卡夫教授的住宅（图4-23）是20世纪初建造的，当时在英国普遍建造这种房子，是经济上比较富足阶层的住房，周围是安宁的住宅区。沿着宽阔的道路是带有观赏庭院和菜园的一栋两户的三层住宅，距中心城市哈罗很近，可以同时享受田园和城市优势，与英国其他地域相比可以说是理想的地理位置。

室内构成是：前庭和有停车位的入口；由内花园环绕的一层有入口门厅、玄关、餐厅、早餐位、厨房、居室以及温室；二层是浴室、厕所、书房、儿童房、主卧；三层是小厨房、厕所、卧室。庭院除了家族外，爱犬也可以有效使用，菜园种植的蔬菜可直接用于烹调。

宅内各房间面积比较大，有家庭气氛浓厚的室内陈设。英国人有注重家庭生活的风气，室内陈设充满了家庭的回忆，喜欢摆设照片、旅游纪念品。

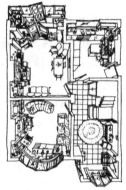

图4-23　英国的室内布置
（来源：参考文献 [6]，15页）

居室的家具是欧洲传统的室内装饰风格，以暖炉为中心，周围环形布置矮座椅，角落也尽量利用上，居室不是以电视为中心，而是面向庭院读书和思考。近代欧美将增加的现代电器设备与可以继续使用的老家具有机结合，维系着传统的气氛。电器设备对维持传统有很大的影响，现在机械的、无机的东西逐渐成为现代化的方向，有着非人性的一面。

室内设计主要是对墙面的装饰，沿墙面组织生活用品和家具是原则。在日本住宅史上室内没有什么装饰，更没有摆放照片的习惯，而有摆设馈赠品的习惯，如传统玉兰盆节日里，日本人相互接受赠品并答谢。因此在氛围的营造上，东西方有很大的不同。

卡夫教授的住宅有三层，适合人口多的家庭，独立的部分可以应对多代同居、客居之用。教授的孩子们，在这里长大成人并在独立后搬出去，现有朋友长期居住在这里，这种住宅格局很适合客人留宿。这套房子在教授入住前有其他家族居住，教授夫妇入住后又在这里繁衍了后代，现在是夫妇两人的住居。这种规模较大又有庭院，三层可以分离的机制，可以灵活地适应各种家族构成的形式，不仅是一个家族，也可以是多个家族同居，是处理住居与家族关系的范例。

2. 德国的新城

德国在第一次世界大战后的复兴中为解决工人的住宅短缺问题，在各地建造了源自公司宿舍的住宅区——基德隆库移民村，其规划原理是行列式布置板楼，是依照当时最新的规划原理，为获取平均日照，采用了高密度行列布置住宅的手法。

行列布置的传统在第二次世界大战后复兴时期出现过。许多城市特别是需要城市整体复兴的柏林，建造了许多行列式布置的住宅区，大量建设的方式，使得标准户型、住宅楼、大规模的单调的住宅区大量繁殖。

1980 年慕尼黑奥运会以前，在慕尼黑、柏林大规模的集合住宅的兴建成为主流。当然也作了许多尝试，例如采用周边式布置和多样性的住宅楼形态的汉堡、追求住户可变性的汉诺威等，特别是作为新城的尝试，采用了大规模的阶梯状住宅的慕尼黑奥运村、以环境共生为理念的布鲁芬新城、人车分流和中央大规模的步行者区域的科隆新城，以及多种住宅楼混合并给予住宅区以景观变化的柏林等各具特色。

然而到了 20 世纪 70 年代，人们意识到与大规模住宅区相比，具小规模的、雅致的里弄等富有人情味的住区组团更有意思，这与在城市内部复苏周边式住宅区的思想不谋而合，也是受美国重视商业和手工业城市思想的启发。这种趋势是源于当时大规模新城远离市中心，不方便享用城市舒适设施的原因，在城市内部居住的生活方式受到关注。

在德国各地主张原有市区内部的再生，为了应对城市中心居住或回归城市居住区的呼声，作为新的住宅区规划首先脱颖而出的是科隆城市中心再开发的成果，其住宅区有效复生了科隆大圣堂周围过去城市的形状，在这个规划之后紧接着是柏林的国际建筑博览会（IBA），建筑师在总体规划中提出城市围合式住宅区的方案。

3. 新城的维护和再生

英国舍菲尔德的花园之丘住宅区，在战后建的大规模住宅区中也是高质量的，同时也是针对高层住宅中居住者的生活，在功能上进行周密规划的划时代的住宅区（图 4 - 24）。然而随着时间的推移，其住宅区目前由于材料和结构的老化需要更新改造，如果没有居住者集体的力量，要找出再生的最佳途径，进行规模性改造是困难的。集合住宅的维持在技术上、所有关系上的居住者团队精神是不可或缺的。

但是历史地、自然地生成的街区，其构成的规模是比较小的，只能局部地进行修复以维持生命和活力。比如位于英国中部的约克郡赫尔市的

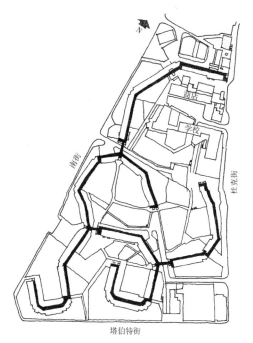

图 4 - 24　舍菲尔德花园之丘住宅区总图

（来源：参考文献 [6]，129 页）

巴格里，虽位于乡间却有着城市的生气，是人们首选的居住地，利用其优势再生虽然是缓慢的却可以维持其活力。

20年前，繁华街——巴格里被过境交通困扰，逐渐萧条下去，后来修建了支路，成功地复苏了繁华街的景象，即像中心街道那样在行政上解决市政设施部分的建设，剩下的由市民自发努力去完成。

大规模建造的新城，其改造单靠居民自己的努力是承受不了的，必须认识到迄今大量生产的大规模住宅区的维护和再生将是今后持久的研究课题。

思考题：
1. 从田园城市到城市回归的历程思考住居观的变化。
2. 乡村的环境和住宅改造和复生的有着怎样的现实意义？
3. 为什么说大规模住宅区的维护和复生是未来持久的课题？

第九节　欧美城市中心住宅——联排住宅和插空住宅

Townhouse在中文中被译为联排住宅，在人口向城市集中尚不突出、高层住宅建筑技术尚不发达时，住宅的主流是中层住宅，英国的3层Townhouse，巴黎的4~5层集合住宅是其典型的住宅模式。本节通过实例介绍来解读在高密度居住的城市中心，住宅是如何建造的？

一、各种各样的城市中心住宅

现代新的城市中心的生活图景包括超高层集合住宅的城市生活。世界的大城市，在历史初期阶段都是小规模的，城市中心有行政机关、商业设施以及执政者的住宅，有低层或中层的集合住宅。到了近代，中心部被行政和商业建筑所占据，不断增加的人口居住到郊外，除了美国新建的城市，城市中心住宅区都处于被驱逐的命运。

但是到了现代，城市中心重新组构，有自然形成的，也有人为建造的，特别是由于超高层集合住宅那种高容积率的集合住宅的出现，导致了人口向城市中心回归的现象出现，出现了向往城市中心新高层居住的人群。城市中心有了商品房和公房租赁。

在城市中心居住可以方便享用一般城市所集中的文化设施、余暇设施等服务，而且相对来说容易得到就业机会，通勤方便。儿童的教育机构、医疗、卫生等设施充实，在各种意义上可以得到许多生活的实惠。

例如巴比干地区位于伦敦市中心，历史上不允许建高层建筑，以防止俯视白金汉宫（女王宫殿）的内部。然而20世纪70年代末在城市中心部建造了3栋44层的集合住宅，是市中心复合型住宅区。该地区20世纪初有许多的居住者，随着商业中心的繁荣，白天的人口增加了，但夜间的人口却减少了数千人。因此利用第二次世界大战空袭留下的大片土地建了约2100户集合住宅，并建造了文化、商业、业务设施等复合化住宅区——生活城市（Living city），这与当时其他地方的再开发目的不同，它的目的是唤回城市中心的人口。

巴比干是城中城，在居住上作为城市中心住宅区，除了满足舒适度要求外，为减少噪声、危险因素，而规划成中庭型或周边型住宅区，内部规划了大规模的城市公园，确保了居住性。

高空居住可以远离城市中心的喧哗，获得独立感，可以享受眺望的乐趣。巴比干市中心超高层住宅，便具有独立性和眺望性的优势。实际上过去市中心所具有的日常生活设施，在城市膨胀过程中由于产业化、商业化而丧失。商店、医疗设施等生活基础设施尚不健全的中心，在日常性方面更是贫瘠的。超高层集合住宅的规划，往往将现状地域用途加以转换，例如把工业用地转换为居住用地，在工业地域规划生活场所时，要充分规划原本没有的生活便利设施。

二、巴黎人的生活——比拉的家

巴黎的市中心总是充满活力，每年来自世界各地的观光客人云集于此。每个角落都被热闹的气氛所笼罩。塑造街景的传统建筑就是装点城市活力的舞台装置。但是没有缝隙的、连续不断的建筑群，同时掩饰着巴黎普通人们的住居。一般巴黎的建筑是把商店、办公放在一、二层的低层部，居住放在三层以上，在街区中隐藏有庭院，围绕着庭院还有许多看不见的住宅。例如比拉教授的家就是这种巴黎典型的建筑风格，即中世纪建造的二层公寓。历史悠久的传统住宅是巴黎人们所向往的居住区之一。从繁华的神学院附近、书店排列的街区一角，进入中庭的入口，内有连续的里弄式通道和有着历史厚重感的楼梯，通过昏暗的入口厅进入室内，古色苍然趣味浓厚的家具、日用器具十分抢眼。空间关系紧凑，通过玄关走廊就是大的多功能客厅，房间里有通向厨房和单间的入口，中央部有休息的场所，面对中庭的一角设有餐桌，并设书房之角。

家族构成是担任神学院大学教授的主人、文学作家的夫人以及就读高中的女儿，是一个三口之家。他们非常喜欢巴黎的传统，室内有年代久远的古老家具陈设，夫妇都是美食家，特别是精通果酒文化，因此墙面挂有讲述希腊故事中的酒神巴卡斯的绘画，同时还收藏和摆放从世界各地收集来的艺术品。作为个人爱好，主人收藏罗马时代用来喝果酒的古老酒杯，夫人收集装葡萄酒的玻璃酒瓶。

巴黎市民的住居并不宽敞，比拉的家也不大。但是主人可以住在大学的附近，享受城市中心的生活，这足以抵消住居狭窄带来的不足。另外，客厅通过中庭采光，柔和的光线给城市中心的生活带来了温馨。室内传统的摆设、表现个人兴趣的装饰使得气氛十分轻松。房间的布置体现了夫妇两人的智慧，生活富有文化品位，藏书丰富的书房独具魅力。通过有效地使用空间，使狭小的空间看上去很宽敞，因为是有历史的建筑，室内的高度将近两层高。因此在上部隔出一间卧室，与儿童房成功地进行了视觉上的分隔。

实际上比拉一家夏天和秋天度假使用的是位于郊外的别墅。这套别墅不仅用于夏季生活，还可以补充巴黎住宅中的种种不足。由于职业的关系，书籍与日俱增，他们会将不断增加的书籍转移到别墅进行整理。

法国人就是这样往来于城市与乡间，过着自由自在的双重生活。作为城市生活象征的巴黎，在传统观念上，把在城市中心生活的同时享受乡间宽裕的乐趣视为最理想的生活方式，把城市中心作为主要的生活基地，而乡间生活作为生活的补足。

但是据说现代法国也出现了许多把生活据点放在乡间的，住居与生活的价值观出现了多样化。

从比拉教授的生活可以得知，为在城市中心生活，在神学院附近营造舒适的一角，郊外住宅也是一样，快乐舒适的内部空间是最基本的。在城市中心没有那么宽裕的面积，是简约的，但是拥有安静的气氛和光线充足的中庭那样的住宅。如能结合自己的生活方式进行布置，就可以享受附近城市中心的方便设施，过舒适的生活。弥补狭小的方式就是尽可能在郊外、乡间拥有别墅，利用假期享受生活的宽裕，这是在巴黎城市中心生活的法国人的智慧。

三、另一个城市中心——插空（In-fill）住宅

漫步在欧洲，人们往往对传统的街区流连忘返，这些街区有的是从中世纪保留下来的，有的是经过修复的，被战争毁坏的也很多。欧洲人对历史建筑的保护意识很强，人们的态度十分明朗。许多场合还要恢复到原来的传统形式，所以老城区的建筑保护方式必须得到土地所有者、建筑所有者的共识。对个别的建筑，所有者个人有着维修和保护的责任和自由，在不同的时段上构成了非划一的有个性变化的街区。

欧洲城市内各建筑，特别是集合住宅的单位是城市的插空建筑，作为街区整体来看，它们组成了街区，但在各个单体上是插空住宅、插空建筑，有学校、办公楼等，多种多样。总之，欧洲原有的城区的街景是由插空建筑构成的，是在保护传统特色的同时进行更新。

这样的插空住宅，在历史的时序上有古典建筑，其中部分改成近代建筑的立面，变化丰富多彩。在开发中只要没有完全割断历史的文脉，居住者的街区意识就会自然与未来连接，地域的人际关系也能得以维系。

在纽约的曼哈顿，由这种插空住宅构成的老街区的居住条件虽然很差，但是那里的邻里关系却充满着生气，富有人情味。而新开发的、开放的、卫生的新住区，居住者的归属意识薄弱。因此，过去一度摒弃的传统的市民街区所具有的生活中的重要要素应该重新论证。20世纪80年代在柏林规划的IBA项目受此启发，是基于"探索居住在旧城区的新人类居住方式"的理念下完成的。

在柏林，IBA项目的开发随处可见。其中城市别墅型住宅区，在规划中没有采用将附近自然生成的103街区全部拆除的方式，而是分别再生插空住宅，延续街区的文脉。

103街区在20世纪60年代被指定为再开发试点地区，那时有战争留下的废墟。随着经济的复兴，逐渐建满建筑。但是由于这里既是试点又是市中心，20世纪70年代柏林市和土地所有者提出要全面再开发。对此居民们提出"住宅不是商品"，开始是自发的运动，后来团结起来反对再开发，这个运动成为IBA项目策划的契机。在这一过程中居民中的建筑师也参加了，决定并通过了五项基本原则：选用不给环境增加负荷的建筑材料；使用节省能源的技术；进行绿化；采用对环境亲切的垃圾处理方式；建造节水型住宅。其结果是在新的街区住宅区的建造，以及生活上进行了有益的探索，例如：再生已有的历史建筑，低层部布置底商设施，以及集体食堂等生活共同化。

103街区全面提出必须尊重街区的历史文脉，基于环保立场又全面提出今后的住宅要具

备应有的居住环境，在当时来讲这些无疑是过于理想化的规划。而近邻的街区同样是试点，却几乎是彻底拆除，从零开始。但不是采纳柯布西耶的开放型街区，而是沿着道路布置，内部确保了井然有序的中庭，仍然是欧洲传统的周边型住宅区。两个实例进行比较，103 街区是再生原有的建筑，有着自然形成的空间特征，以及里弄小中庭不规则等特色，许多是再生古老建筑，在保护上，现在和将来在经济上、技术上都是问题。而近邻的街区过于宽阔、有序，有着乏味的中庭，不过都是现代化的，可以说目前在保护上问题较少。因此不能以偏概全、一概而论，现代化和再生的选择有着各种阶段，是现代社会选择的苦恼。

四、继承传统住区历史文脉的探索

纽约曼哈顿的格林尼治小镇有着许多艺术家画室，过去这里集合住宅少，也不那么秩序井然，由于房租便宜，很多艺术家把房子租下来，将宽敞的内部改造成画室。

格林尼治小镇从 19 世纪开始逐渐建造集合住宅，采用 19～20 世纪的希腊时代的古典样式的建筑群成为现今沿街立面的特色，这种历史文脉成为新建筑设计的重大课题，探索与过去设计的协调是十分必要的。

建筑规划由不动产公司进行设计咨询，市场调研者和法律专家的规划队伍进行作业。插空作业首先要通过社区委员会的审议，设计人员依照法律摸索继承历史文脉的现代新设计，最后将规划方案提交社区委员会，该委员会对其结构体系、住户的平面构成以及外立面进行详细的研讨，最后还要经过历史建筑保护委员会审定，经过反复的修改，得到许可后才允许开工。

最后实施的方案是建造了 20 户左右的小型中层集合住户，是沿道路的凹字形平面，内部藏有中庭，成为焦点的外立面采用了古典样式的母题元素，用现代的预制的材料进行简约的表达。

例如华盛顿中庭（Washington-court）的项目：首先是在中心建插空住宅，以继承住区的历史文脉，呈现街景的个性，作为社区的重点，在这里是古典外立面的设计，它不是单纯地继承，而是发展地继承，不仅是维持，重要的是创造未来的新文脉。城市地域向着未来有新的发展，继承过去，不是回归过去，而是将过去与未来发展结合起来。其次是社区以建筑为主导来建设，像遵守建筑规范那样遵守以一般社会为对象的法律是理所应当的，插空住宅是插入该地域社区的住宅，参与住宅规划是居民义不容辞的责任（图4-25）。

图 4-25 华盛顿中庭
（来源：参考文献 [6]，142 页）

与中层的插空住宅不同，改变市中心的土地用途的超高层住宅，以及大规模的住宅区规划，应该以地域新的土地利用为前提进行操作，在巴比干的规划中以创造有住宅的市中心为主题。为此，在规划中从各种角度来关注住宅以外的中心功能和住宅的关系。生活城市的概念在创造新文脉上具有非常重要的深远意义，因此，在继承过去场所个性的同时，开创全新的未来，有着适度平衡的规划是很必要的。

思考题：

    1. 巴黎人的生活智慧——城市与乡间生活的互补对未来居住的启示？

    2. 为什么说城市更新与改造有阶段性？

    3. 在旧城居住区的规划上什么是继承和创新的平衡点？

第十节　美国的城市高层住宅

    美国的大城市虽然国土幅员辽阔，但是并不分散，人口、商务以及建筑都比较集中，由于交通工具发达，交通往来方便，通信系统的发达，信息的处理敏捷。从目前城市的集中的状态看，也许今后会有分散的趋势，但是纵观20世纪的历史，尽管交通、通信不断发达，城市集中的特征一直在持续，因此，城市未来的居住者虽会有一定的变动，但是总的趋势是在增加，典型的居住形式是超高层住宅。

一、高层住宅的历史演变

    美国的高层住宅——公寓的历史并不久远，最初的公寓的成长期是在19世纪70年代，首先在波士顿、纽约、芝加哥等地大量建造，近几十年来有突飞猛进的发展。随着人口的增加，从2层的没有电梯的低层公寓（Walkout）类型发展到12层高层住宅，规模也有达到一户12个房间的，再后来由于油压式电梯和耐火材料的开发，以及结构技术的进步，这些高层住宅在19世纪末发展定型为城市居住者的一般住宅。

    在美国，中等阶层家庭的公寓与19世纪以前从英国移入的工人公寓相类似，但没有得到普及。后来，高级公寓（Mansion）却成为市中心中层家庭的居所。高级公寓有着巴黎街道一般的形象，以法国公寓的名字（Frech flat）出售。设有常驻的管理人员、办事人员、门卫、警卫等。住户平面有称为"帕拉"的公的领域，以及寝室等私的领域和服务空间，在这个平面设计上也有夫人独立的沙龙房间。

    在美国的公寓历史上，波士顿占有很大比重，称作皮尔伯姆饭店的波士顿初期的公寓建于1857年，一层为共用的餐厅和商业设施，18户人家住在上层，虽然是长期居住的住居，却只有卫生间和厕所，没有厨房，所以后来称这种类型为公寓式饭店（Apartment hotel）或居住公寓（Residential apartment）。引入这种皮尔伯姆饭店模式的是纽约名人公寓，底层有居住者的沙龙、共用餐厅，二层以上的住户起先也没有厨房，后来由于没有厨房不方便，为避开油烟在屋顶增设了厨房，但是一层设商业设施的波士顿式的形式成为普遍做法。

    在纽约，由于19世纪人口的激增，市政府发令禁止建造低层的联排住宅。高层高密度的集合住宅成为主流。19世纪后半叶，市区规划增加了中层集合住宅的建设，产生了带有后庭的开放空间形式。但是不动产投机商们为获得利益最大化，建造更多住户，19世纪末纽约街区建满容积率高达6，致使居住环境恶化。为改变这种现状，建筑师积极努力加上行政上的措施，虽然不一定是统一格式，出现了将街区建成欧洲中庭型、周边型的格局，降低了容积率，这个影响波及到华盛顿。

在纽约还出现了各种超高层集合住宅的形式，其中一类以名人公寓（1883年）为代表，是以单身为对象的合租式（Room share）公寓①和以富裕的艺术家为对象的称为Studio的公寓②，以及跃层式的公寓等。

二、各种高层建筑——城市型住宅

在美国的大城市，超高层成为一般城市型住宅的同时，也有与街区整体共同开发的例子。各小区自成一体进行集合住宅规划的很多，因此成为独栋的高层公寓。特别是在市中心，底层为商业设施，中层为办公区，上层为住居的构成形式成为普遍做法，当然具体形式有各式各样。在曼哈顿的中心部，一般的例子有王牌塔楼，特殊的有底层为美术馆的塔楼，是一栋底层为剧场，上层为研修生或演员们公寓的卡耐基音乐厅塔楼，随街区整体开发的一般商业、事务所放在下层，屋顶庭院上部有4个塔楼，前面有用多种商业、剧院设施围合中庭的麦迪逊广场。在芝加哥，有将商场和写字楼放在下层的东方100福伦，有将商业中心放在下层、4栋租赁住宅楼由室内走廊连接的居住塔楼，以及华盛顿一般构成的阿林顿庭院广场等，不胜枚举。

在离开市中心的城内，独栋林立的风景也不足为奇，例如曼哈顿的西侧，亨利·哈德逊（Henry Hudson）河对岸的新泽西州就有这种风景，高层住宅耸立在较宽阔的基地上，脚下只有停车场和基本的管理设施，与市中心规划不同。

1. 超高层住宅——约翰·汉考克中心

美国大城市的芝加哥、纽约曼哈顿都是有超高层住宅的传统的城市。纽约在19世纪经济发展时期，市中心就走向了高层化、高密度化，开始兴建高级的居住公寓式和装配式的一般住宅（图4-26）。在芝加哥，沿着密西干湖眺望好的带状地域，超高层住宅林立，当时芝加哥正处于19~20世纪经济景气时期，市中心已经出现了高层化、高密度化。20世纪后半叶开始，超高层建筑的旗手密斯·凡德罗的集合住宅问世，成为超高层住宅地域的特色，市中心超高层住宅建设现在还在与经济同步健康地发展。

图4-26 美国纽约高层住宅

（来源：参考文献［44］，24页，艾志刚）

---

① 有专用的卫生间和共用的厨房。
② 一室大空间。

约翰·汉考克中心 1964 年建造，地上 100 层，户数 300 户，人口 1000 人，1~5 层为商店，6~9 层为停车场，10~43 层为办公室，44~45 层为超市和游泳池，46~94 层为住宅，剩下的为机房，是世界上最高的集合住宅。集合住宅的规模是巨大的，是在完全脱离地面的高空形成自立的生活圈（Life area）。

美国的超高层住宅许多都建在市中心，建筑设计如上所述，内含超市和体育设施，由此使高空生活定格。年轻人认为在可以眺望城市的超高层居住是很合理、很惬意的生活。由于超高层住宅的高空生活没有地面的安全感，因此赋予其独立性是非常值得评价的。高层住宅旧的模式也以一般普通家庭为对象，而新的模式多以年轻家庭为对象，公用设施的种类是以超市和泳池为代表的。

居住在半空中的年轻人每天过着与地面一样方便的生活，但是对高龄者和儿童来说，超高层住宅由于与地面的户外空间不同，不能设置不同类型的开放空间，这里虽然为人们提供了食寝场所，但没有进一步展开自由生活的设施。在育儿期以前或过了这个阶段的家庭，从事职业活动或文化爱好活动，品味生活，这些在超高层生活是没有问题的，但在育儿期，超高层的生活对儿童成长期的生活有很大的制约性。

2. 公寓式的高层住宅——纽约 1199 住宅区

纽约曼哈顿东北部的东哈莱姆区（黑人区）是收入低微阶层人们的生活圈，治安没有什么保证，1199 高层公寓式住宅区就位于哈莱姆区，是股东方式组合的集合住宅，居住者满足度高。

这个住宅区是 1980 年规划建设的，户数有 1594 户，由 3 栋超高层构成，U 形平面，各栋配置设有警卫的中庭，依靠警卫管理和维持安全，是外廊型住宅楼以 4 居室平面的户型为中心的跃层。在住宅小区的级别上规划有幼儿园、教育设施、体育设施、医疗设施、高龄者的日常护理设施以及超市等，充分考虑了为居住者和地区居民提供方便。

美国的高层住宅多数为合作社式的集合住宅，其方式是传统的。1199 小区始于 1955 年，以中等收入阶层人们为对象，享受低息贷款和财产税扣除等特殊优惠政策，是依据纽约州的米歇尔程序成功的例子之一，根据这个程序以卖掉股份的 4 万美金作为基金，如今 85m² 的住宅，可以以月租 1500 美金租下来，这在纽约租房市场是相当低廉的，可以说是一种廉租房。

住宅基本上是居民自己管理，由 11 名居民代表参加组成居民委员会，进行运营管理，住宅楼委托管理公司管理，设置了集会室、洗衣房等，各住户获得入住许可后，可以从菜单上选择门的颜色等，可以自由地进行内装修。维修管理也是由居民委员会决定，选择入住者也是居民委员会的职权，从诸多的候补名单上进行挑选，这是惟一受纽约城市开发部门监督的居住者自主运营管理的小区。

现有的居住者多数是最初的入住者，说明这里适居性高，很受欢迎。居民委员会的审查表明，居民在经济收入上、家庭成员构成上、职业构成等多方面具有多样性，这给小区的生活带来了丰富多彩的生机。美国拥有最大的人种问题，在这种背景下，1199 住宅区却不拘泥人种选拔居民，从而形成让多种人种混合居住的社区。在这里没有让人种问题凸显，可以说是在建设初始阶段解决了棘手问题的成果。

这种多样的社会阶层、人种共生成功与否，关键取决于强调住宅区设计过程中的以儿童为中心，确保居住者安全性，每栋围合的外部空间以及向地域开放的共用设施等规划特色。居民委员会运营过程中推行民主制，实现社会混合等对改善周围地区生活以很大的影响。由于周边是贫民窟地区，因此有些居民不愿在这个地区居住，就是担心这里会与周围地区一样贫民窟化，但后来的规划成功地回避了这些负面影响，表明了住宅设计理念的正确。

3. 超高层住宅区——罗斯福岛

超高层住宅超越了人们在地面生活的生物特性，单纯地为想生活在高空，生活在市中心的多数人提供机会，并付诸实现。

罗斯福岛（Rooseneltis land）住宅区是通过"理想的城市住宅区"为主题的设计竞赛的形式征集设计方案的，基地是介于曼哈顿和其东岸昆士区间的东河岛屿，全长南北 3km，东西 240m，面积 60hm² （图 4 - 27）。1969 年之前这里有精神病医院、救济院、高龄者医院、监狱等，称作纽约市福利岛。为解决住宅短缺，纽约城市开发公司 1999 年签订租借合同，借出了土地并进行住宅规划。

住宅建设规划 5000 户，分两期进行，一期是以中低收入为对象的廉租房，作公司的租赁房，二期为商品房。

住宅区规划除了货物运输车辆外，只能依靠缆车出入曼哈顿，岛屿内部有小公共汽车服务。住宅区以欧洲的围合形式，从岛屿的中部（高 20～30 层）沿着海岸逐渐降低层数。这种围合型布置的楼以中央部干线道路为骨架，几乎是对称布置，沿干线道路的高层集合住宅，越过低层部住宅，可以远眺曼哈顿和昆士兰的美丽远景。

其内部设有宽阔的城市公园、医院、幼儿园、图书馆、教堂以及饮食店等，其他中央真空集尘设备、中央集中空调设施、停车场等城市生活基础设施也一应俱全。

由于连接住宅区内部的只有缆车，外来人不易进入，因此安全性高，也是居民归属感强的住宅区。这里视线好，内部方便性高，离曼哈顿近，不仅城市的物质条件，而且相对低的生活阶层超越人种、职业等多样性共生方面都受到广泛的好评。

罗斯福岛本身被物理地封闭了，由住宅楼围合成生活领域，规划上确保生活领域的机制。这个住宅区的生活环境是极好的，特别是养育孩子更需要安定的生活。

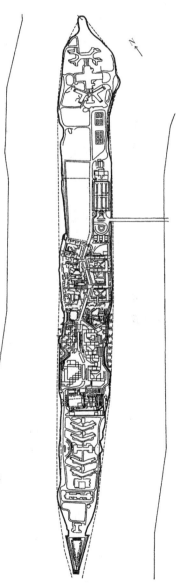

图 4 - 27　罗斯福岛住宅区
（来源：参考文献 [6]，168 页）

这里的人们到曼哈顿城市就业，闲暇时利用方便的文化、娱乐设施，在岛上享受育儿的自然资源优势，满足了工作和生活两方面的需求。

住宅附近有日常生活所必需的方便设施。在人口高龄化的情势下，街上有许多孩子游戏，幼儿保育设施充裕，这种气氛在美国其他地方很少见到。有学者认为超高层制约户外活动，不适应儿童成长，但是在这里，脚下的空间作为生活领域成为居民充分活动的场所，让人减少了担心，近邻的交往与曼哈顿相比也富有生活气息。

在这里不存在类似 1199 住宅区周围环境的问题，尝试解决了美国的棘手问题，人种、价值观多样共存，基本上是成功的。人们把罗斯福岛海岸住宅区作为他们的生活领域来认同，在 25 年的历史中，居民的自治意识增强了。在有着独立体制的公司管理中，从文化活动到居民自身的居住地的管理都主张独立自主。

三、高层住宅面临的困惑

美国高层住宅的专家们在规划阶段面临着许多社会问题，如社会阶层的混合，人种混居，儿童、高龄者以及长期居住的人们如何构成最合理的生活领域，超高层住宅的设计如何保证居住的安全性，如何克服规模性和标准性带来的划一性和单调性等。

美国建筑师面对这些课题采取的方法是：①实现丰富多彩的高空生活；②实现有个性的住宅。在高空生活的丰富方面，设置游泳池、超市等特殊的设施，并配建其他各种设施。在个性化住宅设计上尝试了以居住者为主体的设计方式。因此住宅楼设计有着雕刻般深邃的表情，对于住宅内部，以毛坯房的形式销售，签订合同后，根据入居者的家庭生活方式进行装修是一般做法。

这种充实、方便、富于个性的住宅，使生硬的住宅有了生气，适应社会仪态万千的生活。包括过去丢掉的高层集合住宅在内，美国有显示建筑设计丰碑的诸多集合住宅。从纽约的哈雷姆到北方一带，由于人口的移动，闲置的公寓很多。这些公寓群，让人感到过去建筑曾有过的辉煌印记，讲述着建筑师的梦。

但是建筑师有着共同的苦恼，比如住居由于高层化，远离地面，与地面的结合困难。高层住宅中居住者的生活场所，仍然是高层住宅脚下的地面。但是住宅却位于看不到绿地的上空，将住宅与地面方便往来地连接，在物理上是困难的课题。建筑师们为在住宅楼设计上暗示与地面的连接进行了种种尝试，从地面逐渐离开高层部设计就是他们智慧的结晶。另外在内部放弃与地面的连接，也有在中间层设置空间广场替代开放空间的大胆设想。上述的 1199 住宅和罗斯福岛都在与地面连接上进行了尝试。欧洲传统的围合式布局确保了住宅楼居住者专用的外部空间，即与曼哈顿等市中心的高层不同，提高了外部空间的专用性，由此居住者提高了对外部空间的归属感。罗斯福岛在曼哈顿看来有某种意义上的隔离，但岛整体成为居住者专用的领域，这个特点在高层化的住居上起着将人们的意识与地面连接的作用，这两个住宅的居住性的优势取决于建筑师独具匠心的布置。

以上硬性课题属于专家、建筑师的责任范围，此外生活本身的设计也是大课题，1199住宅也好，罗斯福岛住宅也好，通过居民组织以某种形式管理运营，都成功地实现了社会混合，建筑师的卓越方案是重要条件，同时人文关怀也很重要。

从高层住宅的实际情况来看，好的居住环境的建造，包括软件的考虑都是今后的课题。美国的超高层住宅已经有了一个世纪的历史，在建筑的维护管理、修缮、再生以及拆建等方面进行了很有益的探索也积累了很多的经验。

思考题：

    1. 美国超高层住宅有哪些规划的特色、处理手法？

    2. 美国在解决社会问题上有哪些先驱性研究？

    3. 超高层住宅存在的问题是什么？留下哪些课题？

第十一节　美国的郊外独立住宅

美国的大城市中心有超高层住宅（摩天大楼），而郊外是带有成片绿地的独立住宅，以及面积宽松的新城。本节主要探讨美国的居住与生活的实态以及理想的住居，通过对异国的生活了解，加深对本国的居住文化、居住观、生活观的理解。

一、开拓时代的新协和村

美国住宅的初始形象是原住民的印第安人、墨西哥古代文明后继者们的住居。独立战争后的美国住宅就是欧洲移民的故乡住宅。以下介绍的实例是美国住宅原形之一，来自欧洲的移民——理想者们的住宅和街区。美国各地遗留下来的18世纪的村庄，不仅可以视为其基本型，也可以视为是现在美国城市住宅、住宅区改良的模式。

1. 新协和村（印第安州）

在18世纪的德国，有一个信奉基督教会卷土重来的称作"协和"的团体。在首领J. 拉普的带领下，他们于18世纪的中叶移民到印第安州。最初只有数十名男子，他们搭起窝棚，开始建村，后来逐渐完善了教堂等共同设施，许多信徒在这里安居下来，于是协和村诞生了。后来英国的改良主义者罗伯特·欧文收买了协和村，从英国邀请了一些当时著名的科学家、教师等优秀人才作为村里科学文化的指导者，由此新协和村成了当时美国科学家、技术人才辈出的地方。村里有自己的产业，是当时美国屈指可数的有名工业地域，从18世纪后半叶到20世纪，新协和村是当时美国生活最富足的地方。

新协和村在移民到来之前已经有原住民，即少数的欧洲移民，他们的住宅是一居室，在屋内暖炉的周围，有家庭作坊，也可以做饭、吃饭、睡觉。这些住宅与最初来到这里准备建村的人们住居一样，有的地方是素土地面。这个地方冬天十分寒冷，住宅使用的材料是十分结实的硬木，为了御寒墙体结构使用有厚度的木料，密实地填土合成。后来欧洲的移民增多，砖房多起来，与英国风格的联排住宅一样，室内一层为居室、餐厅，二层大多为卧室，房子的入口是协和村特有的风格，即在山墙一侧开门，建筑的长边沿着道路布置。住宅后侧有私家菜园，由于街区中心有私家菜园、庭院连接，因此形成一个宽敞的空间。另外在中心还建有教堂，四周围形成公共设施和商业街。

新协和村的形状和住宅样式是美国居住环境的原形之一。以教堂为中心，沿街道布置联排住宅和独立住宅，其构成是街区中间形成庭院空间，各家沿着道路形成街景，住房居室朝着道路开窗。尽管各住宅由矮围墙划分，但并不封闭，而是开放地连接。这一空间形态，与日本的开放住宅的连续性相类似。但是京都、奈良的高密度的传统町屋，连续的庭院是封闭式处理，街区是封闭的，在这个意义上可以说新协和村是美国特有的空间构成。

欧洲移民的街区以教堂为中心，这与多数居住者是同一宗教的信徒，具有宗教的、文化的特殊统一性有关。但是从以理想社会的建设为目标的集团意识为根基来看，住宅单位和街区单位的集合形态，其构成关系是很好的模式。这种模式不论在住宅的居住性的确保上，还是街区交流的贡献上都处于很平衡的关系中。

2. 美国人的住居观

美国 1756 年独立战争结束后，把欧洲住宅式样作为时尚引入本国，特别是英国时代的住宅样式，即所谓时髦的模式，同时摸索美国住宅应有的理想模式。是当时英国维多利亚女王鼎盛时代所谓乔治式样，各种住宅样式被采用。但是美国的革新精神寻找近代的合理主义，出现了惠特曼（美国诗人，1819～1892 年）单纯住宅的思想，惠特曼具有热爱大自然的品质，富有生气的精神，排除了纸糊的装饰，做出简素的自然木造住宅的独立样式。硕果之一是赖特（F. L. Wright）在英国设计的草原住宅（Prairie-house）。就像平民的住宅传统中孕育了虽简朴却很结实的椅子文化那样，美国创出了一个新的住居形式。

欧洲 1895 年出版的瓦格纳的《简易生活》和日本文部省 1913 年出版的《单纯生活》等书籍认为，随着物质的进步，装饰生活失去了人类的真正意义，应回归人的本性、本色，特别是《简易生活》主张生活不能超过必要的范畴而应废除虚礼的思想给予当时的社会以很大的影响，这与日本人儒教文化和伦理观一拍即合，都引导人们以简易生活为箴言。

另外在美国的历史中，特别要提到的是住宅具有精神上的准则，它象征着美国人的优秀家庭，可以说住宅是为了表现优越的美国家庭而设计的。家庭，一方面考虑私密；另一方面又向街上来往的行人展示内部生活。这种规范与今日住宅沿着道路布置，让居室开放有着一定的关系。中国和日本的外廊式建筑，从街道上可以看到宅内，来了客人可以在外廊聊天、贴近住居、触摸生活，具有开放的性格。城镇的商家也是这样，节日等喜庆日子将格子窗拉上去，与道路连为一体，成为可以表演的公共空间，是开放的装置。但是这个传统在危险的、喧嚣的城市生活中，随着私密意识的提高而逐渐丧失，城市住宅围墙越建越高，窗户越来越小，人们将自己住所封闭起来。幸而，美国类似传统的东西还一息尚存。

美国的城镇，在住宅设计上有多种多样，在单位与集合的关系上存在一定的原理，这就是与街道的关系，把居室等在住宅中最具社会性活动的空间布置在沿街一侧，由此生成了单位的多样性、个性化，以及与街道的平衡。在这个意义上，街区或者集聚的城镇形成了几个以街区为范围的居住者组团，这样街区的层面有了一种连带感，有了形成共同的街景的基础。

二、城市高层建筑与郊外住宅的比较

以纽约为例，美国的一般生活包括城市的超高层住宅生活和郊外独立住宅的生活，美国人在单身以及婚后没有孩子阶段，努力工作，享受和品尝娱乐和文化条件优越的城市资源，但是一旦有了孩子，在儿童养育期，就需要安全的户外活动空间，特别是双职工的家庭，白天还需要婴儿保姆。像曼哈顿那样的居住环境绝对不是理想的选择，因此许多人搬到郊外，以确保儿童良好的生长环境。的确，郊外开放空间很充裕，没有交通的危险，也没有诱拐儿童的恐怖，但是婴儿护理的服务设施和体系尚不健全。美国的郊外远离城市的供职场所，浪费通勤时间。像曼哈顿郊外的森林小丘花园便是依据美国生活的价值观而形成的。大城市的周围各处都建造了理想的郊外住宅区，特别是相对富裕的白人，试图从流入城市的低收入的弱势群体聚集的环境中摆脱出来。

在美国的郊外住宅区规划中，女性主张改变过去以男性为中心，强制妇女进行家务劳动的空间构成，提出充实育儿的服务设施以方便共同承担家务，在郊外自然中确保与城市环境不同的绿地和宽广的面积。

就人们生活而言，住居设计与规划要方便家庭各成员不同的需求，让他们全能享受舒适的居住环境，但是在设计过程的各个方面存在很多制约，因此这些需求不可能都能一一满足，特别是在女性走向社会成为普遍现象后，住宅作为晚上休息场所的性格越发鲜明了，最终，依靠社会的服务来解决抚养子女和护理老人的问题成为普遍做法。于是居住环境不仅需要距离工作地点近，城市设施方便、舒适、自然环境良好等，而且社会服务水平高成为重要条件。因此，方便的生活必须有守望相助的社会邻里关系——外出时孩子可以托给邻居照看，满足这些条件的生活圈自然会受到青睐。

美国人选择住宅的价值观与日本人更换住宅的价值观本质上没有什么区别，都是在比较着城市中心和郊外住宅的各自优势中根据自己的实际情况进行换住。那么住宅的资产价值以及包括搬家费在内的生活费是怎样考虑的呢？以欧陆达姆夫妇为例，他们婚后在曼哈顿小区买了商品房居住，主人由于工作需要在日本常驻，他们将房子租给了别人，回国后在纽约的郊外又购买了独立住宅，计划完成了抚养孩子的任务后，再搬回曼哈顿。包括现在住宅在内的所有房产都是留给孩子的资产，也就是居住地的确保与资产的储备是并行的。从美国人追求抚养孩子的良好环境的倾向来说，这种做法是普遍的。欧陆达姆的家境并不富裕，但所拥有的住宅资产价值却很高。

此外，美国人养老的住宅——终住住宅——是选择设施方便的市中心，还是选择绿地资源丰富有利于健康的郊外？以欧陆达姆家庭为例，他们选择要返回曼哈顿。据说他们高龄的父母将自己的住宅卖掉，买了旅行房车①，这样他们可以随心所欲地到处去旅行，轮流走访孩子们的家，把车寄存在那里，然后居住一段时间，还没有考虑养老"终住住宅"问题。从美国的文化，即人生晚年的美学来看这也许不成问题，到了需要护理的高龄期，住宅可以选择有护理设施的，也可以选择现有的住宅，都可以是快乐的"终住住宅"，总之在有社会保障的前提下可以自由地选择最舒适的养老途径。

三、理想乡——森林之丘花园

以现代美国理想乡为理念建立的住宅区，其成功的例子当属 20 世纪初曼哈顿郊外的森林之丘花园，这是为了在美国实现英国田园城市的理想而规划建造的住宅区（图4-28）。

---

① 可以睡卧的汽车。

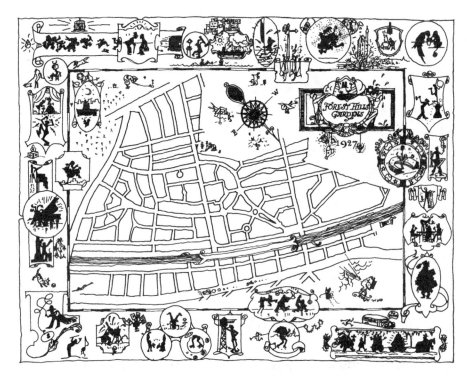

图 4-28　森林之丘花园

（来源：参考文献 [6]，159 页）

　　该住宅区是过去 18 世纪复古的设计，充满绿色，道路像自然生成的村路，蜿蜒曲折，到处都是个性化的街道小品，镇上修建有与曼哈顿连接的铁路。车站周围是站前商业街、旅馆、小学校。结合居民的信仰，区内建有几个教堂、俱乐部，还有单身租用的宿舍，以及许多独立住宅，都有着各种各样的设计，另外，集合住宅也不少，整个镇上有着实际上是经过设计的自然气氛。

　　森林之丘花园小区的成功不仅仅在于物理规划，还在于文化的层面。从镇上的历史来看，当时的规划目标是作为工人住宅，后来由于建设费的筹措很困难，就演变成以一般商品房为主，实际上居住者是由各种社会阶层构成的结局，实现了所谓"社会阶层混合"（Society Mixed），然后结合规划的意图，社区加深了相互的交往。目前这里的住户已经是一代新人，许多居住者留了下来，亲戚家族散居在小区，形成网络式居住格局。

　　小镇的俱乐部有着悠久的历史，是居住者交往和协作的象征。在这里长大的人们通过网球俱乐部或者青少年社会活动之家那样的文体设施，进行社区交往。小区从一开始就有居民的自治组织，从事俱乐部的运营，集会设施以及住宅区的维护管理，仪式庆典的举办等，这些都是居民自愿参加的。

　　小镇的优势是实现美国的理念，不同人种不同生活价值观的居民和平共处，多人种多民族的人共生成为主题。美国有许多问题还没有得到充分解决，于是尝试通过社会阶层的混合、长年的居住、安定的生活领域等条件来实现。

　　综上所述，美国的住居与生活的历史就像是探求理想的旅行。从来自欧洲的移居地梦想到脱离城市在郊外居住等，有着许多尝试，在这些历史中美国的住居不仅作为单位的住居，而且作为单位的集合——城市住宅区都给予我们很多启示。在追求各自居住性的同时，又形成了街区的单位，由起居室等形成生活中心的房间充实了街景，即向道路开放的住宅与街道连成一体，这就是美国社区住宅的理想条件。住宅区不建造围墙，而是通过装饰起居室，让街道美丽的传统在历史中的确是杰出的社区建造方式。

思考题：

    1. 从居住史的演变思考美国的居住文化与居住观。

    2. 美国的选择住宅与日本的更换住宅的动机各是什么？

    3. 居住区规划为什么要考虑社会混合？

第五章 未来的住宅

第一节 未来的住宅——公共性

面对未来，应该建造什么样的住居？应该是什么样的生活？从住居与生活的视点来看历史是渐变的，即便是未来时代，住居作为放松、休息、与家人共同生活的容器的基本性质是不会变的。但是人类追求生活更丰富、更舒适的努力古往今来从未停止过。现在家族不像过去那样几代人生活在一起，未来能否还回到那种生活状态？另外环境的恶化威胁着人们的生理健康，住居与生活如何变化才能找回与人类亲近的环境？本节介绍未来住宅、共同生活的住居以及住宅与环境共生的尝试。

一、自立的住宅——城市型住宅的原理

位于伦敦市中心的杜尔芬区是围合式住宅小区，由1000多户组成，大规模的中庭四周是四星级饭店，内设许多办公楼层、商业设施、游泳池、球艺室以及体育中心等，住宅除一部分为商品住宅外，基本上是租赁住宅，包括公营承租房，这些住宅属于生活完结型的集合住宅。

土地所有者是明斯塔市，杜尔芬信托公司拥有使用权，由海军俱乐部统一管理。管理公司为建筑物提供各种服务，包括饭店式的送餐、洗衣以及其他居住者日常必要的服务。

住宅区由15栋楼构成，住宅楼各具特色，都有自己的名字，住宅由电梯厅连接。其中有3个饭店，命名为楼多尼，除了饭店外还集中布置办公楼、商店、体育设施、饮食设施等，海军俱乐部的管理事务所也包括在内。

这个集合住宅几乎有一个世纪的历史，住有许多名人，在伦敦乃至欧洲颇有名气，就像四星级酒店，居住者从腰缠万贯的大款到经济上并不富裕的普通人家，从高龄者到年轻人，从家族到单身等，各种人群在那里生活。房租相对便宜，生活也很方便，所以长久居住者很多，还有许多入居申请者排队等待。

这里曾经是海军基地，1930年，私人公司买下了闲置的土地，开始进行住宅区的开发。除了前述的楼多尼公司的公寓和官员使用的套房外，全部作为租赁住宅经营。

建筑设计也在海军俱乐部的监督下进行。由于当时是以坚固为目标建造的住宅，所以即便是现在仍然有着长久的使用寿命。第二次世界大战中周围的建筑在空袭中烧毁，只有这些建筑幸免于难。

战后宿舍用房逐渐减少，带有家具和厨房的房间转为饭店用房，直至演变到今日。1960年原业主撤出，市政府决定将租赁权买下，使用权延至21世纪中叶。由工会（现为信托公司）贷款，使用权归信托公司拥有。信托公司的运营方式是通过借房人根据居住时

间支付租金，随着居住时间的积累房价自动下调，以促进居民长期居住。

居住者的经济状况不同，年龄构成也不同，虽然由于噪声制约了儿童的入住，但是也形成了友好的社区关系，一些由居住者组成的俱乐部活动十分活跃，管理者从运营的立场出发也积极促进社区活动。

杜尔芬小区，在规划时并不是旨在建立自立的社区。但是考虑到租房工会的住宅、饭店等营利设施的收入、居住者生活服务的充实等，于是在社区范围内形成了居住者生活可以自立的机制，这一特征也许是今后住宅区规划可以效仿的有效途径。住宅的建设，不仅是建造生活的场所，还要营造日常生活圈（生活领域）的环境，另外，生活便利设施服务的充实和地域经济的自立也是十分重要的，这是一个重要的启示。

把街区作为生活领域单位的创意是来自城市规划的构想。以一个建筑单位（居住区）为中心共同生活，建造集合住宅的尝试与乌托邦或田园城市建设的历史一样由来已久。

19 世纪以欧洲慈善团体和建筑师为中心对住宅进行了改革，出现了带有一个集体厨房的集合住宅。象征这一潮流的首先有 19 世纪中叶拿破仑三世为救济城市工人而建的位于巴黎罗杰夫科大街的"城市拿破仑"，这是以低收入的工人为对象的廉租房，住宅基地内设有广场的特殊建筑形式。后来有信奉傅立叶社会主义企业家的 20 世纪后半叶的集合住宅——Famlistere（乌托邦理想住宅），这是以工人有秩序的共同生活为前提的集合住宅，附属了多种类型的生活设施，有一种矫正社会的理念，当时这种以生活为前提的集合住宅在欧洲建了不少（图 5-1）。

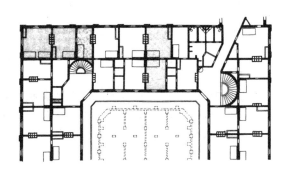

1：500

在 20 世纪初，斯堪的那维亚、德国、奥地利以家务劳动集中化为目标，建造了很多只有一个集体厨房的住宅。1905 年在哥本哈根的 26 户租赁住宅中设有中央炊事设施，居住者用电话预约，中央厨房通过配送电梯运送食物，这种做法使洗涤、清扫等家务实现了"省力化"。这种尝试与当时的斯堪的那维亚的妇女解放运动有着密切的关联，当然，这是为经济富裕阶层人手不足时提供的家务服务。

当时的欧洲为了维持中等阶层的生活质量，新集合住宅的建造在各地蔚然成风。在柏林，有集体厨房的住宅楼内

图 5-1 Familistere 集合住宅

（来源：参考文献 [27]，94 页）

还设有图书馆、托儿所。当时前苏联作为社会主义国家在各地建造居住用饭店——概念社区住宅，以共同化和自立为目标，内设生活方便的设施。除社会主义国家以外，以共同化为前提、以社会福利为目标的集合住宅并不多见。20世纪初在集合住宅上，以生活共同化和自立为目的，进行了种种尝试，对前卫建筑师产生了很大影响。

勒·柯布西耶是集合住宅的首创人，是在开放性理想的驱使下主导了世界潮流的成功的建筑师。他将原有的城市住宅区变成开放性的住宅区，同时也提出了自立的集合住宅的基本型，就是在住宅区内确保开放空间，以集合住宅为单位来考虑住宅楼建造模式。这种集合住宅需具备的条件有两个：一是确保作为居住者的生活领域；二是确保内部的共同化生活。勒·柯布西耶的构想也是让生活领域自立，在住宅楼内设置多种生活便利设施，而且在自立方面提出了经济上自立的方案。在这种理念上建设的马赛公寓就设有丰富的设施——商业设施、教育设施等。

总之，城市型集合住宅要成为自立的生活领域，就要有生活方便的设施和相应的服务，共同化并不一定是原则，相反杜尔芬区那种情况就由居住者组成的工会来运营，没有提出其他条件，只要设备完备、内容充实，就生活自立而言便不成问题。

二、合作社式的集合住宅尝试

把共同化的原则作为住宅区规划的课题，是现代的一种新的居住形式。斯德哥尔摩的法鲁多库纳盆集合住宅位于市中心，居住人群定位为完成育儿任务后的夫妇，户数43户，是比较小规模的集合住宅（图5-2）。

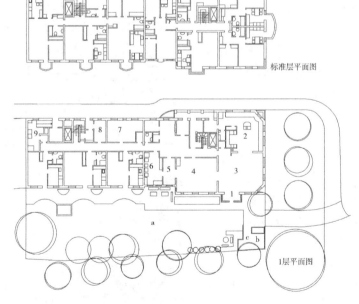

图5-2 斯德哥尔摩集合住宅平面

1—入口厅；2—厨房；3—食堂；4—多功能厅；5—纺织、熨衣室；6—洗涤室；

7—木工室；8—自行车存放处；9—垃圾分类室；10—客房

a—院子；b—存车场；c—堆肥

（来源：参考文献 [6]，181 页）

一般集合住宅大体可以分成两类：①享受城市方便设施的城市型集合住宅；②可以在开阔的乡间土地上进行户外生活、养育儿女、有亲密的邻里关系的田野型集合住宅。法鲁多库纳盆属于前者。

法鲁多库纳盆集合住宅的建筑特点是有共同的厨房、客厅、餐室、客房，剩下是43个住户，各住户内设有一个小厨房，以及必要的家具。各户多余的东西可以放到各户地下的收藏室，这个地下收藏空间是瑞典固有的在法规上规定必建的核避难设施。在这里居住的居民许多是单身，40～80岁不等。中庭不大，具有城市型的特征。

这里的生活方式与一般集合住宅不同，许多居民经常在一起举行会餐，但并不强制所有居民都要这样做，只是完成育儿使命的夫妇，作为个人乐趣，与邻居一起烹饪，享受生活。自助的餐饮生活成为家常便饭，周一到周五是共同生活日，居民交叉参加，每次人数达1/3左右，餐费是定额的。当孩子们来访时，以夫妇为单位的家庭一般在各户自家的小厨房自己做饭，这种做法受到在职者以及美食家的好评，也是集合住宅规划的目标之一。

集合住宅的共同化对现代新人类来说，是必需的，这点逐渐成为许多人的共识。但是如果硬性规定共同分担炊事等劳动的话，就变成了强制性的共同，不是人们所希望的，许多人想与邻居友好相处，但又不想每天生活都共同化，他们认为偶尔有这样的亲密无间的关系是好的，即希望有自由选择的共同生活。有研究结果表明，居住者认为最佳的生活方式是有着共同的社会目的，以共同化为基本条件，居住在一起，共同分担生活负担，又各有自由的生活，保持不即不离的关系。

住居是所有人类最基本的需求，有在经济上宽裕、追求舒适生活方式的居住者，也有经济上并不富裕、维持最低限度生活标准的居住者，还有注重儿童的社会教养环境的居住者和寻求满足高龄者、残障人护理居住条件的居住者，其具体要求不一而足。在此很难区分基本要求和个性要求，集合住宅具有不同程度的差异，但是具有共同生活场所的住宅是可以满足儿童和高龄者居住要求的。

共同住宅可以有许多定义，它针对人们多样的居住要求，可以说是满足福利需求的住宅。共同住宅主要针对经济不富裕的人群，以及儿童、高龄者等弱势群体的需求，以集合住宅的形式进行相互扶助等，在某种意义上，通过生活的共同化，合理地应对是其目的。北欧诸国，虽不能完全基于这个目的，但很早就给予集合住宅和公营住宅同样的补贴，以推进其建设。

随着传统的家族关系和生活方式不断变化，家庭成员的独立意识在提高，过去那种"工作的父亲、家务的母亲、学习的孩子"的典型核心家庭的图景由于母亲走向社会、儿童个性意识的增强而发生了巨大的变化。

在美国，已经无法回到过去的核心家庭的模式，现在的美国离婚率增加，少年的犯罪率上升，人们出于种种担心，开始大量建造共同住宅，这种住宅有着很多培育儿童、教育优秀市民等社会矫正的功能。在美国把有这种主旨的团体称作社会大学，这些人群的集合住宅形式之一就是共同住宅。

然而，为了社会的引导而制约居住的做法有抑制人们自由的负面影响，人们期待今后有更加自由、可以自立的住宅问世。尝试构筑像过去那样人们互相尊重、大人和孩子处于正常关系的居住区，例如波士顿的共同空间的做法，就为寻求新的居住方式，以及有人性的自由环境指出了方向。

思考题：

    1. 集合住宅、公寓式住宅的特征是什么？

    2. 为什么强调公寓式住宅的独立性、共同性？

    3. 美国集合住宅的历史和尝试对我国有哪些启示？

第二节　未来的住宅——健康性

一、住居和环境问题

    住居与环境污染、环境的可持续性有着非常密切的关系，具体体现在资源利用、能源消费以及环境污染等方面。

    首先是资源利用，住宅作为建筑要使用铁和石油等贵重的自然资源，这些资源一旦作为建筑材料使用后就很难再回归到原始形态。像木材那样的植物资源，如过度砍伐，就会有灭绝的危险，不能抑制二氧化碳的增加，最终导致地球变暖。石油、天然气等资源的过度消耗，会导致贵重资源急剧枯竭，而且石油和天然气的燃烧会造成空气的污染。

    近年来环境资源的枯竭和空气、水的污染问题都与垃圾处理相关。单纯危险物的废气问题和垃圾燃烧而产生的二氧化物等环境荷尔蒙都影响人类的生理及遗传因子的产生。这些虽与住宅建筑没有直接关系，但是与生活息息相关。

    过去建造房屋，一般使用人工材料，材料发生的污染问题显而易见，称为公害建筑（Sick building），室内空气污染严重影响人身体健康。如今，人们认识到健康的价值，开始追求健康住宅。

    20 世纪 80 年代末美国曾做过一个试验，在亚利桑那州沙漠建了几栋有巨大半圆形屋顶的玻璃建筑，那里有热带雨林、热带草原、沙漠、湿地、珊瑚礁、海、农田七个地球上具代表性的生态环境实验室，规模为 $1.2hm^2$，研究人员、技术人员等八人为探知环境，寻求新的生活方式，在里面过了两年与世隔绝的生活，进行体验和试验。

    如把地球看作生存圈之一的话，这个命名为生存圈之二的试验建筑，将所有的生态要素从外界地球隔离开来，只有为保证基本生存的太阳光和电波信息可以从外界引入。只准备 8 个人的空气、水、所有生物系和生物所需的最低限的物品（图 5-3）。

    通过这样的隔离试验，探索人类如何与环境共生。8 个人在室内的工作是：在农场进行农作物栽培，然后分工测试调查空气、土、生物的状态，从事维持试验室可居住的环境的作业。

    这个试验证明：由于是使用微型道具，自然的空气、水、能源都以非常短的周期进行循环，由此可见人类的生活状况极敏锐地影响了环境，而且在长期隔离的过程中得知社会生活规则的重要性，现在这个试验仍在哥伦比亚大学继续。

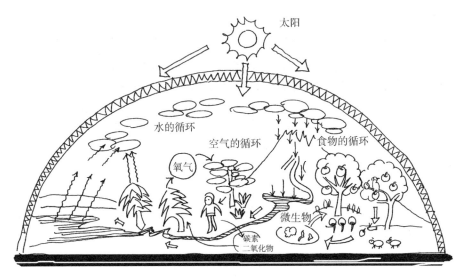

图 5-3　生物圈之二的概念图

（来源：参考文献［6］，186 页）

二、能源与废弃物

在美国加利福尼亚州的郊外德比斯市有一个人们憧憬的试验城市的小镇，人口 24000 人。在小镇的一角，于 1981 年建造了 240 户乡村家园，这个构思源于美国提出的未来可持续的城市原则，这是环境和社区持续性的理念。

乡村家园的理念是以形成环境持续和归属感强的社区为目标，是有特色的方案，包括地域内的食物生产（可以食用的景观），禁止混凝土、沥青的路面铺砌，代之以雨水渗透的铺砌，太阳能的利用（温水装置、蓄热板、换气扇以及植物棚），尽端路车道、步行者专用道路的设置等。住宅基地规模较小，8 户围成一个共用空间，栽培可以食用的植物。雨水回收利用，内部利用太阳能取暖。

另外乡村家园为维持其可持续性，与居住者签订严格的建筑协议，禁止侵害私密和日照的建筑行为，乡村家园业主组织全面负责管理整个共有的整体宽阔的开放空间。

在荷兰的近郊，为解决 103 户的环境问题，住宅建造颇有特色。住宅规划是 1973 年荷兰政府为减少能源消费，以"综合的可持续环境的建造"为目标制定的，具体有抑制能源消费、提高生活领域的管理水平与居住环境水平三个方面。在规划设计上进行了集合住宅与独立住宅混合以及各种建造技术的尝试，避免对环境产生负面影响，有代表性的是防止排出有毒物质的排水管道材料的选择、垃圾处理的手段、禁止使用沥青以及防止氡渗透等，为了节能还禁止使用热带的木材，以及采取节水措施，太阳能的有效利用，多使用玻璃和耐久性高的石灰材以及涂料，减少能源的消费。

三、空间和人的试验

1. 瑞典的共同住宅

瑞典南部的马尔默附近有未来性节能住宅的试验住宅，名字是瑞典语"未来街区"的意思。试验住宅不仅应对了世界性课题——资源能源问题、环境问题，并且探索了集合住宅和社会之间新的人际关系。现代家庭由于个性化发展，女性走向社会，角色分工发生变化，事实上是个体的集合。社会上的人际关系不喜欢传统的过于亲密的邻里交往，逐渐变成孤独的个人生活。家庭也好，社会也好，这种关系对未来的创造并不是理想的，在这个意义上要求寻求和尝试含有新的共同化内容，构筑具有共同关系的住宅。

这个试验住宅有 500 户，为了舒适地度过瑞典寒冷的冬天，充分利用太阳能，不仅是室内，公共的广场和通道也是采用保温的建筑形式。两栋三层的集合住宅对称布置在楼道两侧，沿着开放空间是 500m 长的线形走廊。其开放空间呈拱状，有屋顶，秋季和春季可以作为户外空间，冬季也很温暖。太阳能的使用辅以机械的自动化采暖和换气系统，使住宅更有效地达到节能的效果。

此外，两栋集合住宅楼相对布置，居住者可以经常在开放空间碰面，空间的特性有利于促进邻里交往。拱廊内还设置了会所、低年级小学校以及其他设施，这些都是名副其实的共用设施。

2. 柏林的健康住宅

柏林的大街上，由于屋顶种植树木，墙面上的竹林像幕墙一样，绿色的装饰是普遍采用的形式。在德国，把自然的植物引入生活是源于 20 世纪前半叶的小庭院运动，是传统的做法。最近由于市区绿地面积的不足，人们想给混凝土、沥青的城市润色，于是更积极地采用这种做法。

在环境共生、健康住宅的理念下，不乏小巧玲珑的设计，也有结构专家设计的巨大帐幕，各种集合住宅就像穿上了绿色的服装，郁郁葱葱。集合住宅也是自然的形状，就像从大地生长出来的树干一样。

此外，初期的国际展览会（IBA）规划的城市别墅的集合住宅形式也是节能并与环境共生的，沿着道路一侧在阳台的玻璃窗内种植绿树，塔状的形式鳞次栉比，从各个角度都可以看到街区内森林般的开放空间（图 5-4）。

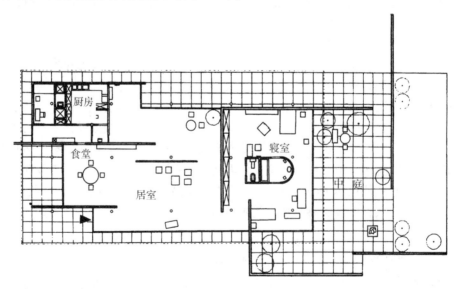

图 5-4　柏林国际博览会的作品之一

（来源：参考文献 ［27］）

四、探索自立的（可持续的）更新方式

目前各国都是在建成区见缝插针地增加建筑，第二次世界大战后建造的住宅由于时间的打磨，建筑材料、结构已初显沧桑，有经济能力的所有者、管理者在维护管理上可以逐步地更新，把市中心商业活动活跃的地区变成现代化建筑。例如曼哈顿的中心部地价高，高层化迅速发展，将旧住房改建成高级的共同管理的公寓。在伦敦的中心部巴比干地区实施了公共的再开发项目，将老街区更新为容积率高的高层住宅的街区。在巴黎、柏林，公共再开发事业也很活跃，中层高密度的集合住宅使街区面目焕然一新。

但是能够顺利地更新、确保高质量的居住环境的地域并不多，大部分原有的住宅区不断老化，随着居住者的高龄化，自身没有能力更新、改善，造成这种现象的原因大多是由于土地私有化，因而很难在更新上达成共识。

没有经济能力更新的老化市区，在许多层面上存在着困难，基于居民主导下的更新，来自上一级的公共事业的再开发，往往有破坏地域生活文脉关系和历史连续性的危险，因为公共的原理很难适应居住者多元的、细腻的要求。英国是公共政策先进的国家，在城市的更新上很早就开始深入地区，与居民一起进行新的居住环境的建造，在那里主体是居民，开发更新的费用以公共补贴为主。

更新的目标不仅是提高居住水平，也是本着可持续发展的原则，重视社区的再生，为未来的社区着想，以这种探索自立的方式进行更新应是今后的目标。

思考题：

1. 生物圈之二试验的意义和成果是什么？
2. 未来住宅的主要课题是什么？
3. 思考居民参与旧城改造的必要性。

第三节　未来的住宅——丰富性

一、什么是丰富性

生活的富裕与否不应像过去那样只用经济指标衡量，而应综合地去考虑。除了经济的、物质的层面，与住宅相关的各种条件——从医疗、福利到教育等以及闲暇活动也成为生活丰富的重要条件之一，以享受生活所必需的服务。依靠医疗维持健康，依靠教育提高教养等，不仅是职业、余暇活动等，对于获得人性的丰富也非常重要。

居住的空间条件，还包括环境质量，这不只是在住宅内部，还包括扩展到周围的生活环境，例如在建成区，有的公寓周围缺乏儿童可以安心游玩的开放空间，只有车行路线。由于激烈的城市活动，周围环境不仅危险，而且由于噪声污染、空气污染等导致环境条件也不理想，这些与前面介绍过的英国居住环境相比有很大差距。要改善现状，创造美好的丰富的环境，首先要提高人们的环境意识。

此外，居住条件还有工作场所的距离问题和通勤时间问题。近年来随着双休日的实行，这些问题有了很大程度的改善，但是休假内容、休假质量仍处于低水平，还有很大的

改善空间。例如长距离的通勤，挤压了闲暇时间。没有富裕的时间就不能得到充分的休息，不能满足人的欲求——自我实现，社区交流就会出现问题，其结果就造成邻里交往的空白。

在上述时空的条件下，人际关系条件与住居和生活的丰富有很大的关联。人们变得越来越不喜欢与邻居接触，于是进入铁门紧闭的公寓，享受个人的自由生活，躲避繁琐的邻里关系，认为公寓生活的轻松和随意就是城市生活的优越。然而正像过去哲学家所说的那样，由于人类喜欢群聚才组成家庭，生儿育女，群聚发展了城镇以至城市。人们虽然拒绝邻里交往，却重视工作场所的社交，城市的生活不是从邻里那得到生活的乐趣。由于是从事与邻里无关的职业的城市人的集聚，所以才导致城市人厌倦邻里交往。因此未来的时代期望基于人的本性，通过缩短劳动和通勤时间，增加余暇时间，以及创造与新的地域关系密切的产业来创造更丰富的生活。

在家族关系上，预期有着更大的变化，婚姻的自由，价值观的多样化反映在居住方式上，夫妇生活的样式和儿童养育的方式都会发生变化，因此住居的空间构成也处于过渡期。随着经济的丰裕、单身贵族的增加，新的家族形态正在萌芽，研究今后家族的人际关系的变化是未来时代的课题。

以上从空间、时间以及人际间的关系论述了未来住宅的丰富性。与住宅相关的各种生活条件与生活质量密切相关。现在我国居住条件虽然大大改善，平均住宅面积增加，有的居住水准达到甚至超过欧洲各国水平，但是由于城市土地价格昂贵，居住面积有限，居住质量、环境问题很多，生活的满足度从世界的水平来看仍处于很低的水平。

二、住居的形

住居的形是经过漫长的历史演变逐渐定型的，应作为一种文化现象来把握。在朝着欧美功能合理性进化的现代文化与未开化文化之间，人们认同未开化文化是异质的但并不是落后的，其文化的意义（同位性）被承认。如前所述世界各地的住居有着丰富的地域性，有欧洲源流的西洋生活，也有日本的和风生活，是充满个性的五彩缤纷的生活，整体上呈多元样态。在生活水准上不一定都要以西洋生活为标准，现代人对于住居和生活的形式，有着各自的价值观和喜好，希望按照自己的生活去塑造空间。因此要历史地看待组成住宅的形的各种要素，思考与未来住居的形的相关条件。

下面就住宅的形所具有的意义，考察一下复活节岛（Easter island）的椭圆形住居和印度尼西亚以及伊朗的住居。

复活节岛土著民 18 ~ 19 世纪的住居形态呈半椭圆形状。据推测这种形状的产生是取决于当时的建筑技术、对气候环境的适应，以及原地域丰富的建筑材料等条件。的确，这些依据是合理的，但是如果没有出于宗教对椭圆形这种神秘形状的崇拜，在没有几何学知识的地域就很难产生这种规整的形状。也就是说超越功能之上的东西是产生形的重要因素。像日本绳文时代圆形的竖穴住居、弥生时代的方形高床式住居与形的起因也是无关的。

当地的气候、环境决定住居形式的例子，在近代、现代都存在，印尼由于雨水多，其住居形式是考虑排水的坡屋顶，而几乎没有雨水的伊朗的住居，墙体是由土垒砌而成以应对酷暑，是考虑大量放热的形。

这些住居的形是人们生活智慧的直白表现，住居的形以这种方式决定是极自然的、生态的、健全的。但是现代的住宅建设卷入了经济、城市居住关系中，原来由自然决定的住居的形，现在首先被建设方式所决定，然后才是选择。其典型的代表是工业化住宅（预制住宅），由于建造住宅作业的相关技术，在工厂是由专家管理，住宅的形，以及住宅的一切都是在工厂由完全与居住者不相干的人来完成，这样的形虽不能一概而论是不健全的，但是至少造型过程的乐趣被剥夺了，普通人的智慧鲜有发挥是今天的遗憾。

住宅的平面以及屋顶或外观的形是与人的生活密切相关的。无论是预制的住宅还是公寓，都是根据人们的要求产生了平面的形。厨房的布置是依靠洗涤池、操作台以及煤气灶的流程关系的合理性来保证作业方便。过去把这种形称为"料理三角形"①，最近，厨房的作业由家人共享，喜爱"餐厨一体"空间形式的人也越来越多，形成开敞式厨房平面，这种形的变化是极健康的，应是今后的发展方向。

三、集合住居的形的产生

住居的形与如何集中居住有很大的关系，独立住宅则完全不同。人们为什么要集中在城市居住，即使在友好相处中也不免有摩擦和隔阂。尽管城市居住者寻求独处，逃避邻里关系，但是同时城市也在吸引人们，人们仍在聚集居住。早期著有《人类精神进步史》的康德尔塞把这种人的本性定为"人的群居"现象。组建家庭，集聚在某一地域，在城市中生活，这就是人，作为个体的人和家族的住居的形式是必不可少的。为了群居，居住的群体所必要的共用空间——学校、公园、游乐场也有固有的形。

家族是个体的集合，所谓家族的住居是群居的形之一，从构成上来看，有夫妇的房间或若干"个"的单间，还有附属的厨房、餐厅、厕所、居室等共用空间。也就是说集合住居由个体的空间和构成人员的共同空间所组成。

始于罗马时代的集合住宅——后来的欧洲集合住宅也是同样——有进入各住宅的通路、楼梯，一层有水井、水渠等水源设施，也有炊事、倒垃圾等共用空间。此外，亚洲、地中海的乡土聚落中有共同居住的长屋。这些部族等集聚居住单位的传统东西，也有着集合住宅的共用部分。总之，集合住宅、长屋都是聚集生活的形。

但是应该看到，群居的形存在着使居住单调的因素。个人以及家族都有着防御、致富的意识和契机，使得个人的住居有着多样性，可以不断地丰富自己，而群居的复数的"个"如果不形成共同的规则，或者虽然是集合住宅，建筑师对共用空间缺乏关心，就产生不了也规划不出丰富的、共同或共用的空间。如果对"共"漠不关心，即便住在一起人们也会过着相互往来贫乏的生活。集合住居，共同或共用空间是极为重要的。

纵观共同或共用空间的历史，大体分为两个潮流，一是集合住宅，如柯布西耶的马赛公寓，自立的居住单元的尝试；另一个是城市型住宅，更自由的、多种用途和形的空间组成的机制，形成城市型住宅区。

前者以集合住宅的居住形式为前提，未来以集合住宅为中心，会产生多种形，这样就

---

① 厨房的主要工作就是在这三点上循环往复，组织好这三点的关系就可以提高厨房作业的效率，三点之间的关系越接近等边三角形，使用就越方便，效率就越高。

会生成集合住宅空间的多样性。由于居住者的多样性，而产生空间的多样性，这些多样的形同时也继承了集合住宅的传统，在世界各地普及。但是集合住宅内部尚未建立可以独立生活的机制，因此不适宜向城市整体扩展。

后者城市型的集合住宅是继承了巴洛克式的城市型住宅，其空间的形有着可以构成城市整体的机制。欧美诸城市已经有了城市道路规划等所谓的城市基础设施，有着巴洛克式街坊型的住宅传统，其中庭街区不仅是住宅，还内藏着其他的用途，因此周边型住宅区有着向城市整体扩展的可能性。

因此在高容积率的集合住宅、城市型集合住宅建设中，应继承本土的生活传统，维持人际关系的独立性，以与各种人的共生、友好的价值观为前提去创造理想的城市型住宅。

四、寻求更丰富的住居的形

住居与人们所生活的地域有着类似性的同时也有着差异性。历史的街区，具乡土住宅的特征，它塑造了传统以及被继承的历史。西方强势的合理主义思想与进步的科学技术一起在未开化的文明中在许多方面引入了更方便的文化，也有靠武力统治未开化人们的生活的历史，由此形成了现代世界的文明构图。

中国传统的街区、里弄有着亲切近人的尺度，有边界的低层高密度的空间，以及充满关爱的家庭和亲切的邻里关系，包含着健全的、丰富的文化内涵。

现代的居住空间一味地向城市集聚，因此在各种意义上有必要摸索高密度舒适的新型住居，要有更丰富的空间，以与环境共生的形式引入与城市形成对比的自然条件，从而再生传统的空间特色，同时，有必要重新考虑传统的人际关系。

现代西方住居的特色是功能性地限制空间，相关的家具和生活用品固定化，即西方的住居与生活按照空间和家具的"物的秩序"来规范生活方式。而日本和风住宅的家具只有榻榻米和纸隔断（屏风），空间不加以限定，给人们创造生活的自由，生活的规则存在于人们的心里，空间是极原理性的可变的东西，今后的住宅和生活应从物质和精神两个方面摸索有秩序的形。

回顾20世纪的历史，在市民时代人们创造了集合住宅、城市型住宅以及发现了作为单位的新的居住空间，现在仍旧在延续。住居的形似乎忘记了与过去的类似性和继承性，朝着混沌的方向发展。所谓混沌就是原本的丰富还没有实现，却盲目追捧破坏自然的科学技术，因而为追求偏颇的现代文明而痛失人际关系等重大课题横亘在我们面前。今后人类将会寻求和发现包括社会整体在内的更美好的居住的形。

思考题：

    1. 衡量居住丰富性的指标是什么？

    2. 自然决定的住居的形与建筑方式决定的形有什么不同？

    3. 以"物的秩序"限定的生活空间与有创造自由的生活空间有什么不同？

知识篇

第六章 集合居住

第一节 城市居住形态

在大城市，某种程度的高密度居住是不可避免的。在城市土地面积有限，人口向信息城市集中以及向城市中心回归现象等背景下，高密度居住的趋势更加明显。

一、密度指标

密度指标表示土地规模与人口或建筑量的关系，包括各种各样的指标。就集合住宅而言不仅有经济指标问题，也有日照、采光、通风等环境指标，混合度、私密性、与他人的接触的几率、精神压力等与居住者息息相关的生活指标。

表示人的混合程度的"人口密度"以每个单位面积的人数来表示，住宅区的密度表示建筑的混合程度，与建筑密度有关，同时依据住户的规模、人均居住面积而变化。

给予居住环境以直接影响的建筑密度的指标一般使用"建筑面积比"[①] 和"容积率"[②]。建筑面积比是指住宅基底总面积与住宅用地面积的比率，"建筑面积比"表示平面的混合程度，而"容积率"表示建筑立体的混合程度，容积率是建筑的各层面积的和除以基地面积的值（图6-1）。

但是容积率并不表示建筑的实际容量（体积/面积）。在同一基底面积的土地上建房，即使同样的层数、同一容积率的建筑，如有一层的层高不同，建筑的整体的高度和容积也不同。

容积率是表示建造建筑面积几倍于基底面积的建筑，也可以是表示其土地利用率的指标。每个地区在法规上都规定了容积率的上限，这是为了限制建筑面积对土地的比率，有计划地维持该地区的人口、各种活动量与交通设施和能源供给、处理设施等城市基础设施的平衡。

以集合住宅密度作为比较对象，表示独立住宅的规划面积（占地面积）、建筑面积、建筑面积

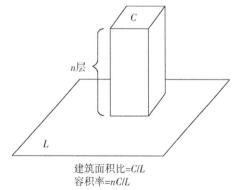

建筑面积比=C/L
容积率=nC/L

图6-1 密度和容积率
（来源：参考文献 [8]，185 页）

---

① 住宅建筑面积净密度。

② 住宅建筑面积毛密度。

比（建筑密度）和容积率的关系如图 6-2 所示，住宅是 8m×7m 共两层，图中的数值表示建筑周围空地的空间幅度，单位为米（m）。

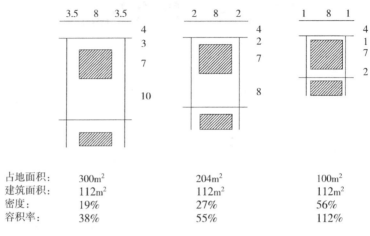

占地面积：	300m²	204m²	100m²
建筑面积：	112m²	112m²	112m²
密度：	19%	27%	56%
容积率：	38%	55%	112%

图 6-2　独立住宅的密度率

（来源：参考文献 [8]，185 页）

二、密度和住居形式

密度受制于住宅的规模、形态以及住宅的布置和集合形态的不同。一般独立住宅区密度低，而集合住宅其层数越高密度越大。从住宅类型看住宅区的平均密度，低层独立住宅区人口密度为 100~200 人/hm²（容积率 30%~50%），3~5 层的中层集合住宅区人口密度为 300~500 人/hm²（容积率 50%~100%），10~15 层高层集合住宅区人口密度为 500~700 人/hm²（容积率 100%~200%）。集合住宅由于高层化，在提高密度的同时，可以空出完整的空地。高层化和住户规模的扩大提高了容积率。

集合住宅的密度以确保冬至 4 小时日照为标准，综合保证日照、采光、通风、私密、防灾等居住性的指标。但是，南向行列布置的住宅楼容易形成单调的景观，所以日照固然是应该重视的规划条件，但有必要根据宅基地的情况，依据采光、眺望、通风等关系，综合地考虑日照。

住宅区的密度与住宅形式的关系密切，把住宅形式分成中庭型和外庭型，当它们集合时密度的不同就十分明显。中庭型住宅可以散见于世界的城市住宅中，与密度上的有利形态不无关联，但是中庭型和外庭型住宅是以气候、风土以及地域的居住文化为背景产生的，不能单纯地以密度来论述形态。

三、高密度化的对策

1. 超高层集合住宅

在向城市中心回归、高密度化发展的社会背景下，近年来超高层住宅又掀起了高潮，为了确保整块的空地，开始在城市内的工厂旧址、沿海地区的填海造地上规划建设高容积率的超高层住宅。在现代建筑技术的支撑下使超高层化成为可能，给予居住者以中、低层享受不到的良好视线，而且脚下确保了宽阔的开放空间。此外，利用集合的优势，提供不亚于酒店那样的柜台服务，配套建造宴会厅、健身房、来宾用客房、幼儿游戏室等，这些私人住宅没有的设施和服务已成为现实。

但是另一方面，在远离地面的高层上居住，有着地震和火灾的危险，此外，日照和风灾对近邻的影响很大，妇女和儿童圈在家中，儿童的生长环境问题是否合适，巨大的集合匿名性引起的防范性低下，居住环境破坏行为等弊端很多。

超高层住宅，只以无残障的居住者为对象，根据宅基地条件，作为一种城市住宅，其优越性值得探讨。欧美、日本对这些问题还没有充分研究，只是在经济性的逻辑下大量进行建造，其存在的问题有着广阔的研究空间。

2. 中庭型集合住宅

在住宅高层化的进展中，适当满足高密度要求，营造不超过人体尺度的城市居住环境尝试也在进行。这就是中层中庭型集合住宅的方案。

图 6-3 是称作"菲涅尔正方形"的图形，周围黑的部分和中间白的部分的面积相等，这样围合地布置建筑，可以确保中央完整的外部空间。

图 6-3　菲涅尔图形
（来源：参考文献 [8]，
192 页）

在巴黎、柏林等欧洲城市历史上就有 4~5 层的中庭型的城市集合住宅，由于面向街道，中庭可以确保采光和通风。图 6-4 是伦敦城市中心部的一个街区，是 1981 年建的五层公营住宅，有些复杂的形态，基本上是中庭型的，中间有很大的庭院，四层有用电梯连接的立体街道。

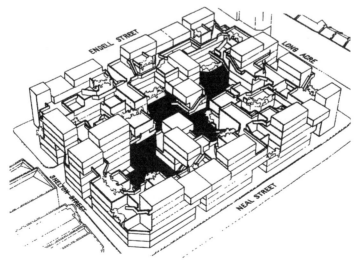

图 6-4　伦敦中庭型集合住宅
（来源：参考文献 [25]）

尽管是中层，也创出了接地性高的居住环境。地下是停车、运动设施，一层为商店、医院和高龄者中心等城市设施。建筑的高度、外观的设计是为了与周围原有的街景相协调，与按照城市尺度设计的住宅楼不同，这里各住户面对的中庭是符合人体尺度和肌理的，构成细腻。

日本副都心的幕张住宅小区，由六层的住宅围绕中庭的"沿道型"的集合住宅，将容积率提高到2.5~3。

这些例子说明采用"中庭型"在解决高密度的同时，建筑可以沿街道布置，有意地用集合住宅形成街景。因此有些国家将中庭型的集合住宅称为"沿道型"或"街道景观形成型"。过去那些集合住宅不顾街道的景观，与周围毫无关系的"自我完结"形式的设计应该反思。

在高密度的需求下，考虑这些集合住宅时不仅要考虑外庭型，还要考虑中庭型，包括在楼内含有许多外部空间的"多孔质"形态在内，开发适合于城市的集合住宅的新形式。

第二节　社区的形成

研究表明在人们集聚生活的现代城市，人们的孤独感不断加深，特别是作为生活基础的住宅这一倾向更加显著。比起交流，现代人们追求私密的倾向更为强烈，"离群索居"的现象使邻里、社会的连带感丧失。下面从住宅楼的规划角度探讨今后城市居住中人与人之间交流的意义，以及培育集合住宅社区的方法。

一、住宅楼和通路形式

集合住宅的住宅楼的设计，基本上是住户单元式的组合方式，或以连接各住户通路的方式决定。住宅楼可以按照高度、平面形状、剖面构成来分类，都与连接形式有着密切的关系。

1. 按照高度分类

在我国1~3层为低层，3~5层为中层，7~9层为中高层，10层以上为高层，20层以上为超高层，这是一般的分类。

低层分为各户与地面连接的接地型和含有不与地面连接的准接地型。在英国把2~3层接地型集合住宅称为"庭园住宅"，一般有面向街道入口一侧的前庭和相反方向的后庭。在日本Town-house（有共同庭院的低层住宅）多见的是准接地型，非接地型楼层代之以宽阔的花园。

在中层和高层集合住宅中，非接地型住户占多数。在英国非接地型集合住宅中，由一层构成的称平房，两层构成的称跃层。没有电梯的4~5层为中层，需要电梯的更高的为高层，近年来由于重视高龄化和残障人的无障碍设计，2~3层也安装了电梯，由此中层和高层的界限变得模糊。

2. 按照平面形状分类

住户内的居室一般与外界接触是最理想的，进深太大的住宅楼平面很难成立。住宅楼形状分板楼和塔楼，也有围合型的（图6-5）。

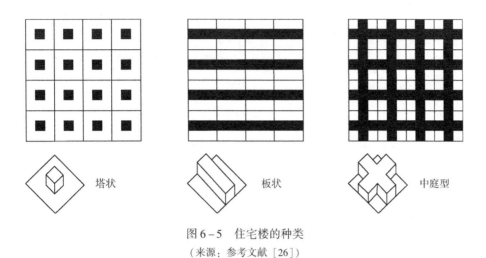

图6-5　住宅楼的种类

（来源：参考文献 [26]）

板状住宅按照通路形式分类，有基本上依靠楼梯、电梯的垂直路线通向各户的"梯间型"，也有垂直交通和水平交通组合的"通廊型"。梯间型的住户的两面可以直接面对室外，居住性好，但电梯、楼梯的利用效率差，而通廊型的通路一侧居室的居住性差。梯间型为一个垂直交通。一梯两户是一般做法，为提高电梯和楼梯的使用率，设一个楼梯厅，可以一梯设3~4户。

通廊型又分通路一侧设房间的外廊型和通路两侧设房间的中廊型（内廊型），中廊型对提高密度有利，但是面对走廊的居室在日照、采光、通风上很难设计。核心筒形式对改善中廊型的缺点有一定的意义，将走廊一分为二，在其中插入对外挑空的形式，外廊型也有让住户离开通路进行设计的，以确保面对道路一侧居室的私密性，有效利用窗户。

通廊型一般在各层设通路，在剖面构成上进行创意，也有在二层或三层设一个跃层的通路形式。这种形式对削减交通面积、增加接触室外环境的居室数十分有利，但在设计上很难解决使用轮椅所需的面积。

塔式住宅，一般是在矩形的住宅楼中央或楼的北侧设置电梯、楼梯间，通过通路和厅与各户连接的形式较多。为增加标准层的户数，也有把中央做成吹拔形式，面向吹拔组织交通的中核型的做法。塔式住宅楼也有布置成Y字形、十字形、以中央电梯厅为核心多方连接的多翼形的（图6-6）。

3. 剖面的构成

集合住宅是立体构成的住居形式，不仅仅是将住户简单排列叠加，还有许多立体构成的可能性。将L字形剖面的跃层组合，柯布西耶的每三层设一个走廊的形式，将平层和跃层组合，最上层发挥其位置的优势设计立体街道，楼和户的剖面构成的灵活设计等，都是丰富集合住宅建筑空间的重要要素（图6-7、图6-8）。

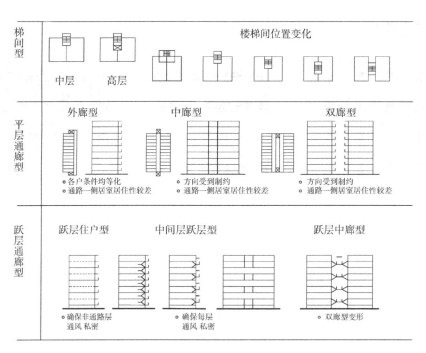

图 6-6 非接地型住宅楼的形式和入口形式

（来源：参考文献［8］，198 页）

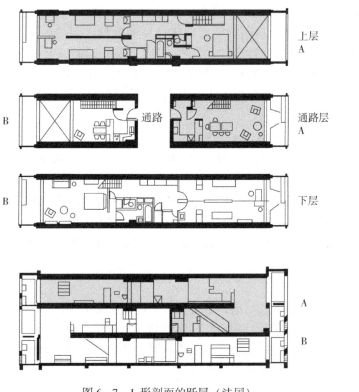

图 6-7 L 形剖面的跃层（法国）

（来源：参考文献［8］，199 页）

二、近邻社会的社区

现代社会的人与人之间的关系——工作关系、朋友关系、校友关系、趣味小组关系等广泛在城市展开，与在生活上有重要意义的地缘连接的农村社会有着不同的层面。在日本，集合住宅的历史很短，大多数人还是向往独立住宅，因此把集合住宅作为"临时住所"的意识很强，因而对社区的形成漠不关心。在这一背景下，尊重家庭的私密，逃避烦恼的邻里关系，加上防灾方面的规范，使得集合住宅的住户与近邻和外部社会处于封闭的状态。因此，对日常生活来说，本来重要的公共空间——集合住宅的通路、楼梯间完全纯化为交通场所。感觉不到在那里生活的人们的生气，屋脊表情冷漠，感觉不到过去老街所具有的人情的亲密交往的氛围。

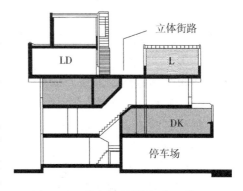

图 6-8　平层和跃层的组合（英国）
（来源：参考文献 [28]）

近年来这种状况有所改善，集合住宅作为城市型住宅已经普及和确定，希望居住在"住惯了"的地方的人不断增加，因此有必要加强对共同所有的建筑的维护管理、对旧住宅的改造等。此外，也要尊重居民的意见、对环境采取局部对策、在高龄化社会积极构筑互相扶持的地域性人际关系、面临地震等自然灾害增加人们的互助等，使居住在城市的人们交往的积极意义重新得到重视，从而形成健全的近邻社区。促进与社会的交流，开放住户的建造，提高住户附近的共用空间的质量，加强住户间的联系，在规划和设计现场开始摸索过去集合住宅规划看不到的"个"与集体的关系。

三、住宅楼的朝向

在设计集合住宅的住宅楼和共用空间的关系时重要的是住宅楼朝向的概念，住宅楼的朝向，是由通路的朝向①、生活的朝向②决定的。

住宅楼的朝向如图 6-9 所示，大体分为背面型、正面型以及两面型。背面型就是面对通路的朝向与生活的朝向是相反的，由于生活背对着通路等共用空间，居民对通路一侧不甚关心，生活的表情、生活的气氛很难在通路一侧表现出来。现在的集合住宅，从北面进入③是常见的形式，对此，演变出通路的朝向和生活的朝向是一致的正面型，共用空间朝着日常生活，住宅楼附近的共用空间便于使用，但也有

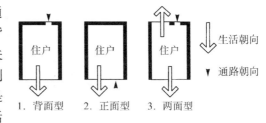

图 6-9　住宅楼朝向的类型
（来源：参考文献 [28]）

---

① 入口面对的方向。
② 居室、餐厅等日常生活场所面对的方向。
③ 从位于基地北侧的道路进入。

侵害住户内部私密的问题。两面型的通路朝向和生活朝向不同，居室、餐室的一部分面向通路布置，可以让生活也朝向通路。

四、共有生活领域的形成

这里所说的生活领域是指在个人生活空间中，可以确认日常所利用的、所眺望的场所，在一定的空间视线范围内，可以支配和管理在其中的行为。住宅区近邻的人们感觉到"自己的领域"那样的集体领域（个人的领域互相重叠的部分）称为共有领域。

共有领域形成有以下机制：

1）住户附近空间的领域和邻里交流的关系领域拓宽了，邻里交流变得活跃，从而使领域更加扩展，两者是相辅相成的关系。

2）表达加强领域感。所谓表达，是指在入口前，面对街道一侧的窗户外边装饰小盆景、小饰物等，居住者有意识地对外部世界进行装饰的行为。表达在确定领域的同时，也在匿名性高的共用空间上表现出居住者的个性，是邻里交流的契机，有着促进交流的作用。

3）以视线交流加强领域感。通常从住户内所眺望的视域范围容易被领域化，面对入口空间有着大开口部，对住户产生亲近感，住户内和外界的视线交流，提供了邻里交流的契机。

4）共有领域的形成。在住户附近有各住户活动的领域，邻里交流的活跃促进了共有领域的形成。共有领域的形成提高了对领域以外的陌生人的识别性，提高了共有领域的防范性，从而增加了安全感，安全感又增加了住户的开放度。共有领域的形成，缓和了领域内的私密意识。

5）共有领域化的循环。要形成共有领域，上述的各要素互相之间就要朝着一个方向循环。在这里某一个要素起了相反作用，就会产生逆循环。例如一旦在某种程度上侵害了私密，住户就会重新封闭起来，从而增加住户对附近窥视的不安感，领域化受到妨碍。其结果就是邻里交流停滞，共有领域难以形成（图6-10）。

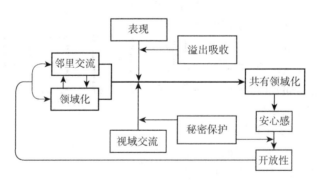

图6-10　共有领域形成机制示意图

（来源：参考文献［28］）

要培育共有领域，营造可以安心居住的周围环境，就要有效地组织各要素，使其产生良性循环。如果住户的组团规模过大，其中的邻里关系就会被分割，很难形成整体的共有领域。形成共有领域的组团规模的界限因集合形式、环境条件、居住者层次的不同而不同，有的学者提出大概20户以内。在集合住宅的规划上有共同的入口通路，以及适当规模的组团，都是形成较理想的邻里关系的重要条件。

近年来一改过去那种背向通路、楼梯间的封闭式集合住宅的建造方法，引入"住户的朝向"、"共有领域"的概念，进行了新的尝试。"居室通路"就是其中的一个例子，把居室面对的通路作为入口，换句话说把通路布置在居室一侧。有的跃层式的住户底层的居室前是通路，为了确保私密，将居室的地板抬高40cm，避免行人直接窥视，在集合住宅朝向好的通路上装饰盆景，表现丰富的空间，主妇们可以在这里聊天，而且同一层几户人家的交流也会活跃。

高龄者居住的集合住宅也有采用"居室通路"形式的。在向阳的地方装点盆景，住户可以在前面庭院和内部居室放松地休息，与路上的行人亲切交谈，通过日常生活的自然交往，在生活上互相照应。

今后的集合住宅的规划，应朝着恢复邻里交往、形成交流空间的方向引导。住户通过"个"和"公"的开放关系即开放通路的连续关系来构筑空间是十分必要的。

第三节　新的生活方式设计

过去集合住宅的提供方式是在集合住宅固有的制约下，建筑师设定居住人群，提供他们认为可以实现理想生活的户型，其结果定型的 $nLDK$[①] 户型成为集合住宅的主流产品。但是随着居住意识的提高，人们厌倦了这种固定格式的平面，追求个性化生活方式的居住者越来越多。

一、集合住宅固有的制约

家庭一词是家和庭的组合，过去人们的生活与土地有着密切的关联，但是集合住宅不可能像独立院落住宅那样与土地保持密切的接触，因此集合住宅各户一般都装有阳台，除此之外集合住宅还有着以下制约。

1. 对象的不确定性

过去在建造独立住宅时，业主将自己以及家庭的想法和需求告诉工匠或施工人员，在一定的程度上住宅平面可以自己决定。而集合住宅是以不特定多数为对象进行设计的，充其量只能在对住户统计调查的基础上设定居住人群平均值，来决定住户的平面。

在经济高度增长期，以生产型、经济型的有限构思，推动集合住宅的标准化和量产化，导致住宅的划一和僵化（图6-11）。

2. 住户规模的固定

人类的生活，随着家族的成长和时代的潮流一起变化。独立住宅可以通过增改建比较容易地适应变化。过去日本的住宅是利用了木结构的特点，反复地进行增改建来适应变化

---

① n 为不定常数，即单间数，L 为居室，D 为餐厅，K 为厨房。

了的生活。但是纵横连续积层式的集合住宅，要根据需要自由地改变住宅平面有着很大的局限性。

2DK   40.6m²

3LDK   66.6m²

3LDK   76m²

图 6-11   日本集合住宅平面

（来源：参考文献 [8]，208 页）

二、适应个别性生活的变化

要适应居住者的生活方式和生活的变化，有以下几种方法：

1. 扩大选择范围

正像居住者选择适合于自己的生活和爱好一样，设计出各种各样的住宅平面，就会不同程度地满足个别需求。

图 6-12 为日本住宅公团于 1988 年建造的住宅，针对 205 户住宅设计出 38 种户型。最近这种设定各种各样的生活方式，做出可以多向选择的"菜单方式"增加了。

2. 可变性的引入

在住宅内设定可移动的墙体、用储藏柜作为间壁等，让居住者自己自由地改变平面设计，就会比较容易地应对个性化的生活方式、生活的变化，以及更换入居者等情况。

这种做法是以日本教授铃木博士于 1971 年提出的"顺应型住宅"为背景的。

图 6-13 是在住宅中央布置厨房、厕所、浴室等，两侧有窗户的部位是居住者可以决定平面的可变领域。后来，这个方案尝试与开发住宅用工业构件组合，创造了多种住户体系的公团 KEP（集合住宅项目），被致力于"长久耐用性" CHS 的集合住宅的研发的建设省所采用。

99m²   88m²

图 6-12 平面变化的实例

（来源：参考文献 [8]，209 页）

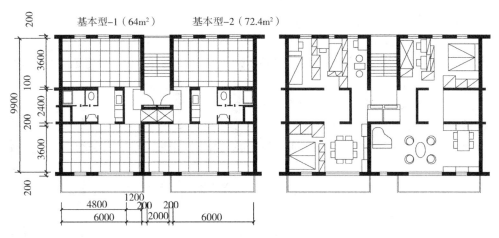

图 6-13 顺应型住宅方案

（来源：参考文献 [8]，210 页）

让住宅有可变性，就是为了适应宁愿牺牲一些单间以获得较宽敞的居室的人群或宁愿居室小一些而单间充实的人群，这些具有不同价值观的人们，通过撤掉或移动墙体，就可以实现或接近他们所希望的平面。

3. 居住者的自由设计

符合个别生活方式的住户，由居住者自己决定平面即可。京都大学的某研究所提出"两级提供方式"，引入了这个概念。这个建议是把公共性较高的建筑躯体、楼梯、通路等公用部分——骨架和私有的个别性较强的住户内的平面、内装部分——与填充体完全分开建造，前者为公共所有、后者为个人所有（图6-14）。

图6-15是在这种概念下公团建造的租赁住宅，除了结构躯体，包括厨卫在内的住户内部平面都由入居者自由决定。

另外，把住房需求者组织在一起共同讨论。以自己的住宅自己建造的"协议共建型"方式从"以不特定多数为对象"的制约中解放出来，较容易实现符合自己生活的集合住宅。

4. 其他手法

日本传统住宅的弹性平面构成，具有顺应不同生活方式、生活变化的特性，日本建筑师迄今为止进行了许多有益的尝试，有效地继承了日本的传统，例如南向的起居室、餐厅和朝北的三间和室都用软质隔断分割，根据居住者自己的意愿，可以展开多种生活。在集合住宅中厨房、卫生间的位置难以自由地更换，此外即使提供了一张白纸那样的空间，由于是外行而且没有设计的线索，很难决定平面，因此专家的协助和引导是必不可少的。例如荷兰的建筑师设计的实验住宅，不是提供一个无性格的白纸空间，而是在住户内预留了"无性格"的余裕空间，每个场所的使用由住户自己决定。

三、住户规模可变的尝试

1. 考虑增改建的设计

若考虑到未来的增改建，就要在设计上留有余地，这样集合住宅也可以很容易地扩大住户面积。一些在住户规模上受到限制的公营住宅，为将来规模扩大做好准备，把阳台做得宽大，以确保增建的空间面积。

例如图6-16所示的户界墙做成可以拆掉的，必要时可以改建成各种各样大小不同的住宅。大阪府住宅供给公社建造的SI住宅，为两级提供方式、长久耐用型的集合住宅，其外墙和户界墙可以变更，未来住户规模可以自由地设定（图6-17）。

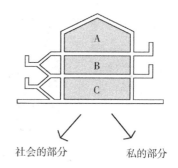

社会的部分　　　私的部分

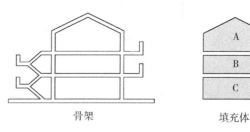

骨架　　　　　　填充体

图6-14　二级提供方式示意
（来源：参考文献［29］）

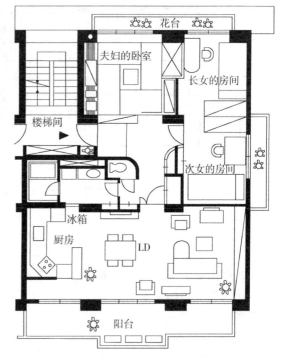

图6-15　租赁住宅的自由平面
（来源：参考文献［8］，211页）

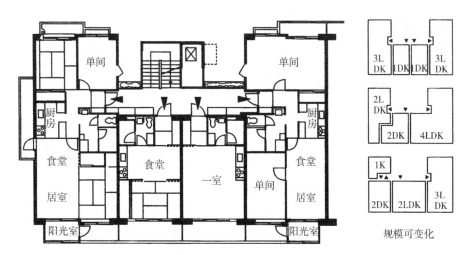

图 6 – 16　住户规模可变型住宅实例

（来源：参考文献 [27]）

2. 分离式设计

例如作为关东大地震的复兴住宅的江户公寓，1～4 层是一般家族住户，5、6 层为单身住户。这些集合住宅，必要时可以作为成长中的儿童的单间，也可以用作主人的书房。这种形式可以作为住宅规模的可变手法之一。1988 年作为超高层住宅建设的西湖山塔楼，在底层部分设计了"别馆"，是可以作为儿童的单间、主人的工作室、客房、乐器弹奏等使用的"分离"室。

四、住宅的社会性

人既然属于社会生物，与他人的交流就是必不可少的。城市中茶馆、餐厅、饭店的大厅等都有各种各样的人与人的交流场所，但是倘若在自己的家中招待朋友，交流就有着另外的含义。对人的性格的形成有着很大影响的家庭，表达人的趣味、个性的物品和房间的装饰、招待方式，根据登

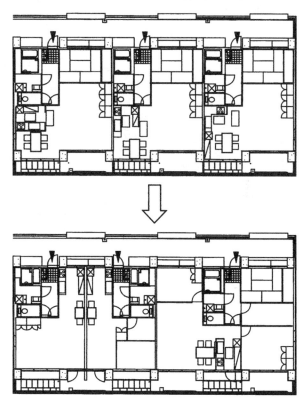

图 6 – 17　长寿型 SI 住宅实例

（来源：参考文献 [30]）

场人物布设的舞台装置对加深人与人之间的理解起着重要的作用。

据说人的住所与动物的巢的最大区别是有招待客人的空间，住宅长久以来承担着接待客人的功能，日本过去的住宅一般都有作为家庭成员日常生活据点的"茶间"（起居室），

以及接待客人的同时又是主人的场所的"座敷"（客厅）。第二次世界大战后设计的住宅由于狭窄，过去与门第观念、封建性有着联系的客厅受到排斥。住宅内接待客人的空间定位至今都很暧昧。丧失了接待客人空间的结果带来了本来作为家庭成员集合场所的起居室性格的扭曲。在起居室内接待客人，本来应是家庭成员放松的场所，却按照接待客人的意识加以装饰，而对家庭成员来说并不是舒适的空间。

为了同时满足为接待客人进行的装饰，和作为日常家庭成员生活使用的、即使乱一些却可以自由地使用的两方面要求，设置两个居室，或者加一间家族房（Family room），让两者分别独立，这是"双居室"的提案。

住户面积有 100m² 的话，规划两个居室并不困难。正规的居室，供客人和大人使用，确保安静的、井然有序的环境，可以作为主人、主妇的工作室或兴趣用房。另一个家族房供家庭成员、孩子们使用，是动态的、随心所欲的房间，可以作为家庭团圆不可缺少的日常生活的用餐场所，不必介意客人的目光，也可以和凌乱的厨房开放性地连接，家族房布置在儿童房旁边，儿童成长到需要独立房之前，居室都可以与儿童房连接起来宽畅地使用。在住户内规划社交空间，对打破原住宅的封闭性，建造开放的住宅有着十分重要的意义。

第七章 居住空间

第一节 居住空间的构成和设计

一、什么是建筑空间

空间是在物体和物体的关系中成立的，空间作为建筑来构思时是以人和空间的关系为前提，考虑房间和房间的关系、房间和走廊的关系、内部空间和外部空间的关系、建筑和城市的关系等，在所有层次上对空间之间的关系进行设计，做出可视形体的过程就是建筑设计，这时可视形体的表象是空间和空间的边界。设计空间相互关系就是设计空间与空间的界限，所谓设计建筑不是设计物体，而是设计空间的关系。

用简单的例子来表示：

图7-1（a）是有着宽、深、高的三维空间s，人站在里面可以说，我在s里。将空间s用空间x和空间y分开，就有若干个方法。这时空间s就是空间x和空间y的组合。

如图7-1（b）所示，空间s完全被实墙隔开时，站在其中可以说我在x，不可能说我在y，也许根本不知道y的存在。如果像图7-1（c）那样用玻璃隔开，把握空间的感觉与图7-1（b）不同，不能明确地感觉到空间之间的界限，可以说我在x，也可以说我在y，甚至可以说我在s，感觉空间和空间有着重叠的部分。

这是由空间x和空间y的界限的性质所产生的，由于这个界限的存在，空间x和空间y保持一定的关系，由于界限的不同它们的关系也发生变化。从地面上砌起一道矮墙，如图7-1（d）所示，或从天棚上悬吊一片墙，如图7-1（e）所示，空间x和空间y的关系明显不同。

空间和空间的界限不仅限于隔墙，根据地面高差的设计，也会发生变化，如图7-1

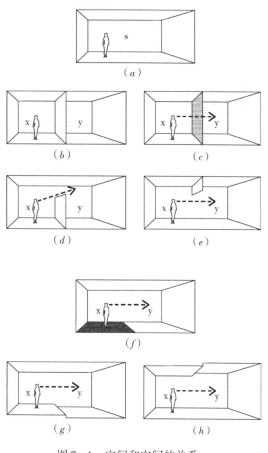

图7-1 空间和空间的关系

（来源：参考文献［8］，156页）

(f) 所示。这也会像空间 x 和空间 y 的存在一样，可以说我在 x，也可以说我在 y，这时候空间 x 和空间 y 的界限是什么呢？图 7-1（g）及图 7-1（h）的地面和天棚虽各有高差，同样不能用物体来表示界限。空间的界限不是由物体来决定的，是物体和物体的关系所产生的，因此可以说设计建筑不是设计物体而是设计空间的关系。

二、建造更自由的居住空间——舒适的空间

空间和空间发生关系的节点存在着界限，在考虑居住时就已经意识了界限。构思住宅时，往往考虑最多的是居室、餐室、寝室如何布置，住宅应被看作是对应功能的一系列房间的集合。

实际上儿童的寝室也是学习的房间，还是儿童游戏的地方，决不仅仅用于就寝，同样居室也可以成为厨房，居室也可以作为家族学习的地方，厨房的一角也可以成为母亲休闲的地方。

这样考虑问题，就出现了过去的 nLDK 专用名词涵盖不了的新的居住形态。设计中通过多少有些暧昧的空间与空间的结合创造出新的空间，修正和变换构成住宅的各种空间的界限，就会改变住宅使用墙体分隔房间的集合状态。

1. 创造视线贯通的空间，确保空间的连续性

若考虑居住空间的连续性，住宅就会变得更加丰富。视线在空间与空间之间贯通，互相穿透是方法之一。图 7-1（d）说明两个空间只是天棚连接就可以感到空间的宽阔，隔声的问题通过把墙体的上部换成玻璃，可以得到改善。

2. 住宅的剖面设计

在说明住宅时通常使用平面图，平面图可以对整体的面积、空间位置一目了然，但是有些住宅只通过平面示意是看不出空间关系之间差异的，如果用剖面图表示就不同了。像吹拔空间、跃层处理只有通过剖面图才能表现出来，不仅考虑空间的面积，还要考虑体量，这时必须依靠剖面图（图 7-2、图 7-3）。

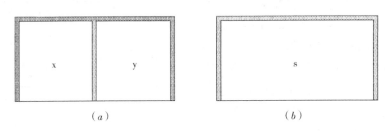

图 7-2　平面图示例

（来源：参考文献［8］，163 页）

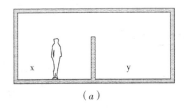
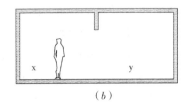

图 7-3　剖面图示例

（来源：参考文献［8］，164 页）

3. 推拉门的采用

在有限的空间中创造弹性高的空间方法之一，是采用可以拆卸的推拉门，有时需要宽阔的空间，有时需要分隔成小空间，结合现代生活灵活使用。

通常平开门的基本功能是关闭，因此适合于独立性高的空间。由于平开门密闭性高，比起推拉门更可以确保隔声、隔热。但是内部空间之间的界限没有必要考虑隔热，相反有时作为隔墙的存在，有时消失这种界限的变化更可以丰富居住空间。

4. 外部和内部的连接

注重住宅的隔热性能是好的，但是为了防止外部气候的影响，用坚实的墙体包围起来，使过去住宅所带有的庭院与城市空间的连续性消失了。

居室与庭院处于什么样的关系才是舒适的，解决这个问题的答案就是边界设计。把庭院与内部空间隔开的是墙体，窗户的设计可以产生各种关系，从地面到天棚开一个大窗户与开几个框景的小窗户其内部生活的感觉是截然不同的（图7-4）。

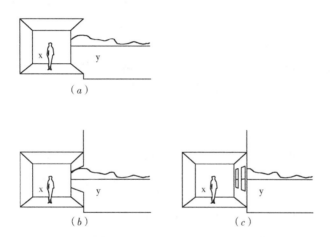

图7-4 外部空间与内部空间的连接

（来源：参考文献 [8]，165 页）

舒适不仅仅包括隔热性能好、抗震性强等物理因素，还要考虑到精神上的舒适性，比如窗户的位置不同，看到的景观和射入的光线就会有不同的变化。

空间显得宽阔敞亮，人的心情就会愉悦，是可以长久使用的可持续住宅，若再加上物理性能上的优越，便可以促进人的身心健康，认真地进行空间构成和边界的设计就可以实现确保身心健康的住宅设计。

第二节　人体尺度与适当规模

一、人体尺度与室内规模

在住宅内居住者的各种行为都占有一定空间。决定规模的基本依据与人体尺度、室内空间尺度有关。门的高度应确保人通过时不碰头，遮挡视线的屏风如低于眼的高度将毫无意义。处于高处的吊柜把手应设在可以够得着的高度，处于低处的抽屉也不应让人以勉强的姿势寻找内部的物品。

包括住宅外部包容空间在内，根据人体基本尺度决定适当的规模，是第一阶段。

除了单纯以人体尺度决定以外，还有通过构成连续动作的各种功能、多种组合，从而赋予空间不同的含义，这也是以人体尺度为依据的。

人有高矮胖瘦之别，也许有人认为特定的家族居住的住宅，只要符合家族的尺度就可以了，但是要考虑客人的来访，而且这个家族不一定永久地居住下去，即便是同一家族继承，子孙后代的人体尺度也不尽相同。

因此以不确定多数为对象进行设计是很困难的。如果以某特定人群为对象时，一般的做法是取其平均值作为代表值。但以建筑空间为对象时，平均值的概念显得苍白无力。比如以门的高度为例，按平均值设计，则一半人可以通过，另一半人可能就要碰头。

不仅是建筑空间，与人体有关的其他空间也是同样。例如飞机客舱通常采用百分比分布的数值，就是调查某一人群的人体尺寸，将其数值以 1% 的比率从低向高排列，根据需要采用 95% 或 5% 分布数值的较多。

在考虑人体尺度决定室内各细部尺寸时，采取哪个百分数值，要慎重研究。门的高度即便取 95% 的数值，也不能说是百分之百地解决问题。在集合住宅中确定卧室的大小、床的尺寸就是问题，规划了多余的大床，便影响卧室的面积，从而带来不经济。

1. 人体测量

住宅是人的生活容器，有必要对生活在里面的人的行为进行调查。

在太平洋战争期间，欧美也好，日本也好，在设计潜水艇、战车（坦克）时，考虑到军用机械与军人的关系密切，对军人进行了人体测量。

Julius Panero 在他的著作《人体尺寸和内部空间》中说过：我奉劝室内装饰师、建筑师们，人体测量资料应作为严密的科学、正确的信息来掌握。

遗憾的是人体测量至今没有达到精密科学的标准，室内装修应将人体测量作为设计手法的信息之一来收集数据。一般的常识、功能、设计感觉是设计过程的重要部分，套用统计表上列出的数据是十分危险的，应尽可能采集多数人的人体测量资料，提供新的信息。

美国出于军事上的理由，对成人男子的尺寸进行了普查和整理。日本的资料仅限于身高、体重、胸围等基本尺寸的测定。在我国人体测量的学科还处于初级阶段，这个领域的研究人员还很少。特别是老人、儿童、残障人方面的资料相当欠缺，另外，还缺少伴有动作的人体尺寸的详细信息。

在正确使用资料的基础上还应考虑人与动作的三维动态，空间与使用者的心理方面因素，即其他相关因素，物理的人体尺寸只是影响内部空间尺寸的要素之一。

2. 动作空间

在实际空间中决定必要的领域，与静态状态下的人体尺寸不同，要考虑伴随一系列复杂动作所占有的空间。为获得基础资料，日本东京工业大学进行过一系列的试验。比如试验者两肩挂有灯泡，开门走出去，以 0.1 秒的速度对其动作进行连续摄影，由此得知两肩动作的点线长度和位置。使如此混乱的动线所表现的复杂动作清晰可见（图7-5）。

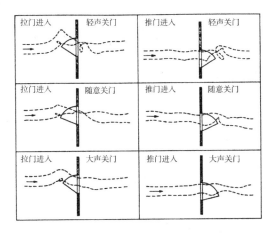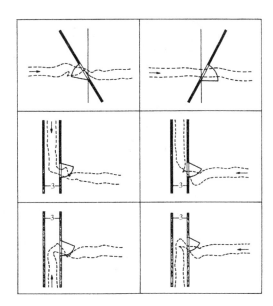

图7-5　正面接触门和侧面接触门的比较

（来源：参考文献［11］）

以同样的方式还进行了如厕的实验，得出冲水厕所必要的长度为110cm，舒适规模为长120cm，宽85cm等数据。

二、适当的居住水平

计算室内某一局部空间的规模时，人体尺寸本身或伴有单纯动作的领域必要的空间量是比较容易决定的，不过决定这些行为复杂地联系在一起的房间整体的适当规模却是十分困难的作业。因为找不到客观的线索资料，而从各种统计调查资料中又很难找到统一的标准。因长年培养的生活习惯以及社会阶层不同标准也不同，而且由于各种原因适用的概念也各异。比如可以采用把所有现象还原于要素，将每个要素分别作为分析的对象的现代科学手法，但这样的手法过于生硬。

在现阶段可以牺牲一点科学的严密性，以可行的方法将适当居住水准具体化，以逐渐修正不完善的部分。比如可以进行以下几项研究：

1）进行各室规模计算的第一阶段，根据住户内必要的居室、餐室、卧室、儿童房等单位空间所需满足的行为，计算出行为空间量、家具量、设备、配备物品等，整体协调、决定。

2）根据每个单位空间需要，在同一空间进行集合，并按区域分类。在这一过程中进行相互调整，勾画出大概的平面，这个平面粗线条地决定了住户整个的规模。

3）一个空间限定一种生活行为（例如厕所、浴室）是可行的。通常当多种行为在同一空间展开时，就要在同一空间内决定多种功能。决定多种行为组合以成立空间时，首先要明确其空间展开的功能，计算出每个功能所必要的领域，通过这些功能的综合决定相互交叉的部位。

4）研究如何提高最小的空间量的最大化，在这个阶段不一定是进行适当规模的计算过程，而是通过立体化、复合化等手法追求空间可能性的过程。

1. 居室的面积计算

根据居室的行为计算出必要的空间量（人体尺度、动作领域），有必要知道家具的尺寸、种类，还要调查居室相关的设备器具。

计算的基本程序可以对应各家庭生活方式的不同，如果与预设的居室行为不同，可以修正原预设生活方式，这可以说是个案研究。

集合以上的成果最后提出面积计算所需的数值，求得该数值的过程是基于人体尺寸与室内空间的关系以及市场家具尺寸的测量结果。

图7-6是研究根据该数值条件，应有多大面积的居室是合适的，横轴和竖轴分别扩大30cm能否满足条件，通过图示得知要满足设定的条件需要17m² 以上。

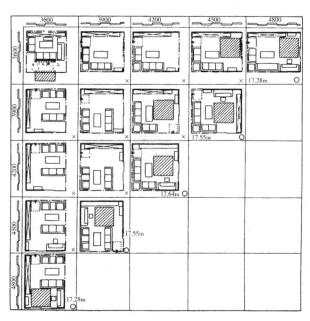

图7-6　考虑居室内适当面积的家具配置

（来源：参考文献 [9]，116页）

2. 住宅的必要面积

住宅除了各室的面积计算外，还要计算储藏、通路的面积。储藏空间一般占建筑面积的10%。

走廊等通路的面积，因住宅而异，没有按一定比率，但整体倾向是小户型通路的比率低，住宅越大比率越大，小户型尽可能节约通路面积，增加使用面积，相反大户型要联络许多房间，应提高通路的比率，一般以10%为宜。

以上各室的面积加起来的数值为98m² 左右，加上储藏和通路面积，四口之家的面积约为120m²。这个面积是在假定的条件下设定的，不是绝对的，但是可以说是四口之家居住面积的基本底线（图7-7）。

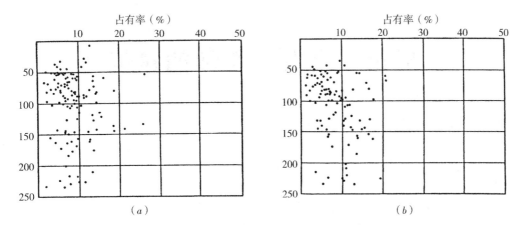

图7-7　居室面积比例分布

(a) 储藏部分占有面积；(b) 交通部分占有面积

（来源：参考文献 [9]，118页）

后记　没有建筑师的建筑

　　现代建筑是从铁、玻璃、混凝土和塑料等新材料的使用开始的。现代建筑在世界上蔓延以来，世界中的住宅越来越走向趋同化，新材料的引入开辟了新造型的可能性。但是由于工业材料颜色、质地相同，建造方法雷同，原本五彩缤纷的彩色世界变成了清一色的黑白世界。

　　20世纪前半叶，主导许多建筑运动的是欧洲、美国的建筑师，其潮流不久就从包豪斯向CIAM收敛，结束这个时代潮流的是密斯·凡·德·罗。他们主张的"均质空间"的概念是历史上最强的空间概念，可以适用于所有用途的建筑物、所有的场所，这个概念的成功背景是把空间作为笛卡儿坐标系来把握，有意地将意义剥离出来。以往的空间概念，是依赖于人或场所的，而均质空间是通用的概念，具有可以适应所有状况的含义，成为超越地域性、民族性的通用性高的设计方法论。其结果导致世界上铁、玻璃和混凝土的盒子型建筑层出不穷，这便是20世纪50年代的世界建筑界的状况。

　　现代建筑提倡的手法是先给出一个坐标系，然后再赋予其功能，这样一个条理清晰的规划逻辑，很容易被世人理解和活用。这个理论的完成度很高，致使后来一代建筑师很难超越这个概念。20世纪60年代有两个方向性逐渐明晰起来，一是积极地从建筑中抽去现实感，把空间作为虚拟的东西来把握，其代表是英国"建筑电讯派"（Archigram），他们在虚构的形象中构思建筑，不断创造出没有实体体验的假想空间。这种尝试逐渐被电脑设计所取代，现在仍以电脑世界——假想空间来吸引着我们。另一个方向是大胆舍弃均质空间，重新发现空间意义的尝试，发端于1964年在纽约的近代美术馆举办的题为"没有建筑师的建筑"（Architecture Without Architects）的展览。当时所展示的156张照片都是在建筑教科书上未曾出现过的，后来出版了同名的图集，这个图集给予世界各地的建筑师以强烈的冲击。在这个展览中鲁道夫斯基所主张的美学是与以往成为建筑主流的雄伟神殿、壮丽的大教堂等象征着当时权势的建筑所具有的美学完全异质的东西。在这个图集中，日本的建筑有四个：构成像隧道那样的神社鸟居（京都）；在平原上由"筑地松"（防风林）环绕的散居聚落（鸟根县）；覆盖着几乎拖到地面上的茅草屋顶的民居（山形县）；有着奇妙曲线的龟甲墓（冲绳）。这些都是民间百姓的作品，给予观赏者以极大的震撼力。

　　鲁道夫斯基认为迄今的外国建筑史书籍只选择了少数的文明作为对象，在空间广度上，仅限于地球的极少部分，很少涉及2世纪西欧人耳熟能详的欧洲、埃及、小亚细亚（土耳其等亚洲地区）；在时间跨度上，建筑史所涉及的一般只是建筑发达的最终阶段。历史学家往往随心所欲地省略历史初始阶段，跳过最初的50个世纪，他们只关注披着建筑盛装的历史时期，仿佛交响乐团出现后才标志着音乐的诞生那样。

　　迄今的建筑史就像是建造权力和富有的纪念碑式的建筑师的绅士名录，只不过是出自特权阶层的或为特权阶层服务的建筑，即诸神的神庙、有财力和血统支持的贵族们宫室杰作的集粹而已。只沉迷于高贵的建筑和建筑的高贵，对其他建筑不屑一顾，而普通平民的住居则名不见经传。

"没有建筑师的建筑"展览介绍了迄今在正统建筑史中被忽视的建筑未知世界，打破了以往对于建筑艺术理解的狭隘概念。这些建筑鲜为人知，连相应的名称都没有，找不到可以统称的术语。根据各个建筑的实际状况鲁道夫斯基用风土的（Vernacular）、无名氏的（Anonymous）、自然发生的（Spontaneous）、土著的（Indigenous）、田园的（Rural）词汇来表述它们。

关于建筑的起源，鲁道夫斯基认为许多动物早在人类开始用弯曲的树枝建造四处漏雨的屋顶前，就是熟练的工匠了。海狸并不是目睹了人类修建水坝后才开始建水坝的，也许人类是模仿海狸的。人类最初建造掩体也许是从"堂兄"猿猴那里得到启发的。19世纪前半叶提出进化论的达尔文（1829～1982年）作为义务博物学者，乘坐海军测量船（1831～1836年）探访了地球最古老的原始社会。达尔文在观察了远东岛屿猩猩和非洲黑猩猩建造自己的睡床后，得出以下结论："无论哪里的猩猩都遵从同样的习性，这一习性是否来自本能姑且不论，但必定是由于它们有着同样的要求和同种程度的理性。"猩猩不像人类那样在洞窟和岩石下寻找安榻之处，而是喜欢睡在自己建造的通风良好的场所。达尔文在《人类的起源》中写道：已经表明猩猩在夜晚用露兜树的树叶盖在身上。他还记录了贝布雷姆观察发现的一只狒狒为防止太阳的照射把席子盖在头上的例子，并推测道：我们仿佛看到了人类远祖从原始建筑、服饰向单纯的技术迈出第一步的情景。

但是，某些建筑在人类、兽类出现在地球前就存在，那就是太古以来由大自然塑造的沧桑形状，经过风和水风化而成的构筑物。自然的洞穴对我们来说非常有诱惑力，人类最初的掩体也许就是人类最后的避难所。

原始的艺术，其价值自古以来就被西方世界所承认，但是对异国风味的建筑漠不关心，只能在地理学、人类学专业学刊中找到一些支离破碎不成体系的记录。

此外在正统的建筑史中多以建筑师个人的业绩为重点，而在这里强调的是共同体（村落、村社）的业绩。比尔托洛·贝尔斯基对共同体的定义是"不是依靠几个专业人员，而是依靠大家共同拥有的传统、经验的共性进行操作，仰赖于全体居民自发的、持续的作业创造出的艺术。"在朴素的文明中也许没有高级的艺术存在的余地。尽管这些建筑没有达到艺术境域，但是并不是说没有我们可借鉴的教义。

从这些没有上升到专业艺术之前的淡定、平和的民居中，我们可以学到的东西很多。没有学历的工匠们在各个时代、各个地方表现出建筑顺应自然环境的卓越才能，并不像今天我们要征服自然，而是欣然地包容了气候的任性、地形的险恶。我们喜欢平坦的、无个性的土地，简单地用推土机将凹凸不平的土地加以平整，而他们是选择景观复杂的地段，其中不乏将基地选在深山幽谷中的实例。

有的建筑师自认为对生活有着非凡的洞察力，实际上他们关心的大部分是卖点和自己的名声，我们今天面临的困境的一部分是当初简单思考的结果。

迄今的历史学家过多关注建筑师的作用，对无名氏工匠的才能和功绩的评价无人问津。其实无名氏工匠的思想有时近似乌托邦，其美学到了至高无上的境界，这种建筑美学在很长一段时间被看作是偶然出现的东西而被忽略。其中有的是罕见的有着亲和感觉的产物，有的是传世百代的住宅，有的室内使用的道具造型有着永久的实用价值，应当受到公正的评价。

风土建筑最令人感动的是具有人情味，街道既不是沙漠那样荒漠，又不是草原那样悠闲，街道的功能没有被高速公路、停车场所侵害的地方，各种装置让街道有着顺应人的功能，比如凉亭、遮阳篷、帐篷式的构筑物或天然的屋顶等，这些在东洋、西班牙等传统的文明古国常见的特征，是覆盖街道的洗练的东西，有着亲切感的拱廊，不单保护行人免遭自然和交通危险，而且还有丰富的功能，赋予街道以统一的秩序感，还附带有古代广场的功能。拱廊在欧洲、北非、亚洲作为建筑主体的一部分，是普遍采用的手法。

共同体的风土性另一个例子是食品仓库。在把食物不仅仅视为产业制品，而且看作神赐之物的社会里，仓廪建筑的样式是严肃的形式，如果不是事先知道是仓库的话，甚至会误认为是宗教建筑。在伊比利亚半岛、苏丹、日本，仓库虽然规模不大却有纪念性，考虑到这类建筑形式的纯粹性、收藏的价值，鲁道夫斯基把它定义为"准圣堂型"。

上述的高级风土建筑（中欧、地中海、东南亚洗练的少数民族的建筑）是原始的建筑，作为减法或挖出来的建筑来归类，如穴居，便是在大地岩石上刻出来的、挖出来的独立建筑的代表。在日本，筑地松（防风林）是覆盖住宅、聚落甚至整个村庄的；还有游牧民的携带式住居、车上住居、带雪橇的住居、船上住居、帐篷等；原始的工业建筑包括有垂直、水平双向的风车、水车、鸽子窝、肥料小屋等。站在"轻观念重发明"的立场上，这些相对所谓建筑美学机制对我们更有益。

这些文明遗产有许多大胆的原始的解决方案成为现代繁杂技术的先驱，花样翻新的现代文明①都早已存在于古代的风土建筑中。例如近代的建筑师认为居住在地下可以免遭未来战争的破坏，在此乐观的假定下构思了地下城市，然而早在这之前，有些大陆就已经存在地下城市，现在依然存在。

城市人定期地逃离设备齐全的住居寻求原始的环境，即小屋、帐篷中去居住，或到外国的渔村、山间寻求安逸，以缓和精神和肉体上疲倦，这是颇具讽刺意味的现实。因为城市人一方面热爱机械设备带来的舒适；另一方面又去追求不依赖这些设备即可生息的场所。理性地思考一下就会发现，原始社会的共同体生活是非常得天独厚的，在那里不需要每天长达几个小时的通勤，下几步楼梯就是工作场所、书房。人们亲自建设、修复自己的环境，没有被环境问题所困扰，几乎对文明的进步和提高漠不关心。对幼儿来说，什么样的游乐设施也取代不了关爱；对当地人来说，什么机械设备也取代不了人工。无名氏的工匠们不仅理解限制共同体膨胀的必要性，也懂得建筑本身的极限，他们没有为追求利润和进步去牺牲居民的幸福，在这点上与专业哲学人士有着同样的信念。基辛格说过这样的话："认为新的发现和现存的手段的改善势必会带来更高的价值、更大的幸福的期待是过于幼稚的想法。"

无名氏工匠们的哲学和知识是丰富产业社会人类的建筑感性的未知源泉。由此获得的智慧，不仅是经济或美学的思索范围，而且关系到自己如何去生活，如何让他人去生活，以及如何在地区的意义上、在世界的意义上与邻邦之间和平共处，这是个非常棘手和不断增加难度的课题。

---

① 比如建筑的工业生产化、建筑构件的规格化、转用和移动可能的结构体、地板采暖、空调设备、照明调节以及电梯。

我国古代没有建筑师的称号，像鲁班这样的创作大师也只被称为工匠。几千年来这些没有学历、名不见经传的工匠们在祖国各地创造了灿烂的居住文明。

综上所述，所谓乡土建筑（Vernacular architecture）核心意思是指那些本土的、没有建筑师设计的建筑，这些建筑孕育在相对稳定的文化或方言区内，是当地的匠人或居住者利用当地材料和技术自己建起来的，是先民思想的积淀和智慧的结晶。这些鲜为人知的民居朴素无华、宁静平和，体现了先民对本真性和多样性的尊重。民居蕴含着可持续发展的理念，富人情、亲自然。这种纯朴古心，围炉籍草的生活图景，正是我们今天所要追求的生态环境。

尽管社会的发展使旧有的生活方式不断更新，但作为人类最基本的生活内容，几千年来并没有随着岁月的流逝而有所改变。不同的是技术的进步让我们可以依靠机械文明获得舒适度，同时也使我们顺应自然的本能退化了，失去了很多的宝贵东西。

所谓观光是探访各地的闪光之处，20世纪的观光是以各地文明的巅峰之作——名胜古迹为主，而21世纪的观光应是观赏居住在当地的居民的朴素而丰富的住居与文化。

本书从居住生活的角度列举了世界各地优秀的传统民居的实例，同时整理了欧美住宅和住宅区的发展脉络，以及优秀遗产的保护和更新的手法，并预测了未来住宅设计的走向。

企盼读者从中得到有益的启示，在现代建筑创作中积极思考，大胆尝试，继承传统，开辟未来。

参考文献

［1］ 本间博文. 住まい学入门. 東京：放送大学教育振興会，1998. 20.

［2］ 小泉和子，玉井折雄，黑田出男. 絵巻物の建築を読む. 東京：東京大学出版会，1996. 25.

［3］ 大河直躬，住まいの人類学（株）. 東京：平凡社，1986. 20.

［4］ 风俗博物馆史料、江户博物馆史料等.

［5］ 平井圣. 住文化史. 東京：日本放送出版协会，1989.

［6］ 服部岑生. 世界の住まいと暮らし. 東京：放送大学振興会，1999.

［7］ 藤井明. 東アジア. 東南アジアの住文化. 東京：放送大学振興会，2003.

［8］ 本間博文，初見学. 住計画論. 東京：放送大学振興会，2002.

［9］ 本間博文. 住まい学入門. 東京：放送大学振興会，1998.

［10］ 平井聖，本間博文. 都市の住まい. 東京：放送大学振興会，1992.

［11］ 清家清. 住居論. 東京：旺文社，1982.

［12］ 川島宙次. 世界の民家. 東京：相模書房，1990.

［13］ 刘峰，夏纾. 世界著名建筑师全传. 武汉：华中科技大学出版社，2006.

［14］ Elizabeth Cumming Wendy kaplan. The arts and crafts movement. London：Thames and Hudson ltd, London world of art，1991.

［15］ 岡田光正ほか. 住宅の計画学. 東京：鹿島出版会，1993.

［16］ 侯幼彬，李婉贞. 中国古代建筑历史图说. 北京：中国建筑工业出版社，2002.

［17］ 窑洞考察団. 生きている地下住居. 東京：彰国社，1988.

［18］ 太田博太郎. 図説日本住宅史. 東京：彰国社，1981.

［19］ 平井聖. 日本人の住まい. 東京：市ヶ谷出版社，1998.

［20］ 住宅研究会. 日本住宅史図集. 東京：理工図書，昭和45年.

［21］ 五島美術館本. 紫式部日記絵詞.

［22］ 日本建築学会. 日本建築史図集. 東京：彰国社，1980.

［23］ 李华東. 朝鲜半岛古代建筑文化源流与特征研究. 清华大学博士论文，2006.

［24］ 吉川元男. エコハビタ. 東京：学芸出版社，1993.

［25］ Greater London Council. GLC Architects Review2. London：Academy Editions，1976.

［26］ Ian Colquhoun, Peter G. Fauset. Housing Design in Practice. Harlow：Longman Scientific & Technical，1991.

［27］ 日本建築学会. コンパクト建築設計資料集成. 東京：丸善，2001.

［28］ 鈴木成文. "いえ"と"まち"住居集合の論理. 東京：鹿島出版会，1984.

［29］ 巽和夫ほか. 住宅を計画する（住環境の計画2）. 東京：彰国社，1987.

［30］ 巽和夫ほか. 会社次世代都市型集合住宅. 大阪：大阪住宅供給会社，2000.

［31］ 布野修司. 世界住居誌. 京都：昭和堂. 2005.

［32］ 石毛直道. 住居空間の人類学. 東京：鹿島出版会，1971.

［33］ 原広司. 世界集落の教示. 北京：中国建筑工业出版社，2003.

［34］ 藤井明. 集落探访. 北京：中国建筑工业出版社，2003.

［35］ 吉坂隆正. 住生活の観察. 東京：勁草書房，1986.

［36］吉坂隆正. 住生活の形態. 東京：劲草書房，1986.

［37］吉坂隆正. 住生活の発見. 東京：劲草書房，1986.

［38］西山卯三. 日本の住まい. 東京：劲草書房，1968.

［39］和辻哲郎. 风土. 陈力卫译. 北京：商务印书馆，2006.

［40］曹炜. 中日居住文化. 上海：同济大学出版社，2002.

［41］张宏. 从家庭到城市的住居学研究. 南京：东南大学出版社，2002.

［42］社会資料集. 東京：日本標準，平成4年.

［43］平井聖. 図説日本住宅の歴史. 京都：学芸出版社，1982.

［44］建筑学报. 2007（4）.